高等学校**土木工程专业**规划教材

GAODENG XUEXIAO TUMU GONGCHENG ZHUANYE GUIHUA JIAOCAI

结构力学基本训练

（下册）

舒志乐　刘保县　主编

JIEGOU LIXUE
JIBEN XUNLIAN

重庆大学出版社

内容提要

本书根据教育部制定的结构力学课程教学大纲和硕士研究生入学考试要求，以结构力学的基本概念、基本原理以及认识规律为出发点，每章均扼要概括各个知识点所对应的习题，其中不少是近年来各个高校研究生入学考试试题，并给出了全部答案。本书可作为土建、水利、道桥等专业学生学习结构力学的辅导用书，也可作为土木工程专业研究生入学考试、注册结构工程师资格考试结构力学复习参考书。

图书在版编目(CIP)数据

结构力学基本训练.下册/舒志乐,刘保县主编.
—重庆:重庆大学出版社,2015.8
高等学校土木工程专业规划教材
ISBN 978-7-5624-9262-7

Ⅰ.①结⋯　Ⅱ.①舒⋯②刘⋯　Ⅲ.①结构力学—高
等学校—习题集　Ⅳ.①O342-44

中国版本图书馆 CIP 数据核字(2015)第 163860 号

高等学校土木工程专业规划教材
结构力学基本训练
（下册）
主　编　舒志乐　刘保县
责任编辑:刘颖果　　版式设计:刘颖果
责任校对:关德强　　责任印制:赵　晟

*

重庆大学出版社出版发行
出版人:邓晓益
社址:重庆市沙坪坝区大学城西路 21 号
邮编:401331
电话:(023)88617190　88617185(中小学)
传真:(023)88617186　88617166
网址:http://www.cqup.com.cn
邮箱:fxk@ cqup.com.cn (营销中心)
全国新华书店经销
重庆鹏程印务有限公司印刷

*

开本:787×1092　1/16　印张:7.5　字数:187 千
2015 年 8 月第 1 版　　2015 年 8 月第 1 次印刷
印数:1—3 000
ISBN 978-7-5624-9262-7　定价:16.00 元

前　言

　　为了适应新世纪课程分级教学的需要和对学生能力培养的要求,我们在多年教学实践的基础上,按照教育部"高等学校理工科非力学专业力学基础课程教学基本要求"和教育部工科力学教学指导委员会"面向21世纪工科力学课程教学改革的基本要求",根据当前国内主流教材的基本内容,将结构力学中的基本概念,典型习题中普遍存在的具有代表性、易出错的问题,以客观习题的形式编写了这本《结构力学基本训练》。

　　结构力学是土木、水利等专业的重要专业技术基础课。掌握结构力学的基本概念、基本原理和分析计算方法,对学习后续专业课程及解决工程实际问题十分重要,而且结构力学是报考结构工程专业研究生及注册结构工程师资格考试的必考课程。

　　本书的编写内容及顺序与目前国内出版的各类主流《结构力学》教材基本一致,分为上、下两册。上册包括结构的几何构造分析、静定结构的受力分析、影响线、虚功原理与结构位移计算、力法、位移法和渐进法及其他算法简述。下册包括矩阵位移法、结构动力计算基础、结构的稳定计算和结构的极限荷载。全书共11章,每章先是本章的重点、难点、考点以及习题分类与解题要点的归纳总结,后是本章的选择题、填空题、判断题和计算题等训练题目。同时,本书编有适用于多、中、少学时以及考研不同层次的结构力学模拟试题,旨在进一步强化解题训练,反映考试的重点、难点,培养综合能力和应变能力,巩固和提高复习效果。此外,相对于少、中学时有一定难度的基本部分或专题部分内容前标注了"※";属专题部分内容前标注了"★",主要供多、中学时选用。

　　本书可作为土建、水利、道桥等专业学生学习结构力学的辅导用书,也可作为土木工程专业研究生入学考试、注册结构工程师资格考试结构力学复习参考书。

　　由于编者水平有限,书中可能存在不妥和疏漏,恳请读者批评指正。

编　者

2015 年 6 月

目　录

第8章 矩阵位移法

【本章重点】

(1)单元刚度矩阵(局部坐标系、整体坐标系);

(2)连续梁的整体刚度矩阵;

(3)刚架的整体刚度矩阵;

(4)等效结点荷载;

(5)忽略轴向变形时矩形刚架的整体分析;

(6)桁架及组合结构的整体分析。

【本章难点】

(1)刚架的整体刚度矩阵;

(2)等效结点荷载;

(3)忽略轴向变形时矩形刚架的整体分析;

(4)桁架及组合结构的整体分析。

【本章考点】

(1)熟练掌握两种坐标系中的单元刚度矩阵、结构的整体刚度矩阵、等效结点荷载的形成,已知结点位移求单元杆端力的计算方法,整体刚度矩阵和结构结点荷载的集成过程;

(2)理解单元刚度矩阵和整体刚度矩阵中的元素的物理意义;

(3)了解不计轴向变形时矩形刚架的整体分析。

【本章习题分类与解题要点】

能够熟练地利用常数叠加建立局部坐标单元刚度矩阵,能熟练地根据载常数计算局部坐标单元等效结点荷载矩阵,会进行坐标转换,掌握先、后处理法集成整体刚度方程,知道如何进行约束条件处理,了解矩阵位移法计算程序的一般流程。

手算时矩阵位移法分析的步骤:

(1)对计算简图进行离散化,确定并给结点、单元进行编号,确定单元局部及结构整体坐标系;

(2)利用题目给定条件,对各单元计算局部坐标单元刚度矩阵、单元等效结点荷载矩阵(有单元荷载时);

(3)除梁(静定和超静定)外,根据单元的方位确定哪些单元要进行坐标转换,并对这些单元实施坐标转换;

(4)根据要求(先、后处理法),按规则集成结构刚度矩阵、综合等效结点荷载矩阵;

(5)如果是后处理法形成刚度方程,则需要进行位移约束条件的处理,否则本步骤不需要;

(6)求解线性代数方程组,解出结点位移;

（7）进一步根据结点位移计算各单元的受力，作出内力图。

一、选择题

【8.1】$\{\bar{F}\}^e$ 和 $\{F\}^e$ 分别是局部坐标系和整体坐标系的单元杆端力向量，$[T]$ 是坐标变换矩阵，则正确的表达式为（　　）。

    A. $\{\bar{F}\}^e = [T]\{F\}^e$ B. $\{F\}^e = [T]\{\bar{F}\}^e$

    C. $\{\bar{F}\}^e = [T]^T\{F\}^e$ D. $\{F\}^e = [T]^T\{\bar{F}\}^e[T]$

【8.2】矩阵位移法中，单元刚度矩阵和整体刚度矩阵均为对称矩阵，其依据是（　　）。

    A. 位移互等定理   B. 反力互等定理

    C. 反力位移互等定理   D. 虚力原理

【8.3】"结构等效结点荷载"中的"等效"是指非结点荷载与等效结点荷载（　　）。

    A. 静力等效   B. 引起的结构结点位移相等

    C. 引起的结构内力相同   D. 引起的结构变形一致

【8.4】不计轴向变形，图8.1(a)、(b)所示梁整体刚度矩阵有何不同？（　　）

    A. 阶数不同   B. 阶数相同，对应元素不同

    C. 阶数相同，对应元素也相同   D. 阶数相同，仅元素 k_{22} 不同

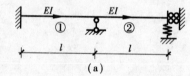 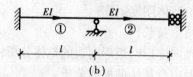

图8.1　题8.4图

【8.5】图8.2所示四单元的 l、EA、EI 相同，它们局部坐标系下的单元刚度矩阵的关系是（　　）。

    A. 情况(a)与(b)相同   B. 情况(b)与(c)相同

    C. 均不相同   D. 均相同

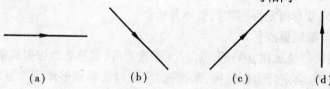

      (a)   (b)   (c)   (d)

图8.2　题8.5图

【8.6】在矩阵位移法中，基本未知量的确定与哪些因素无关？（　　）

    A. 坐标系的选择   B. 单元如何划分

    C. 是否考虑轴向变形   D. 如何编写计算机程序

【8.7】在矩阵位移法的先处理法中，哪一步用不到单元定位向量？（　　）

    A. 由单刚集成总刚

    B. 由单元等效结点荷载集成结构等效结点荷载

    C. 从结点位移列阵取出杆端位移

    D. 计算单元刚度矩阵

【8.8】图8.3所示结构单元固端弯矩列阵为$\{F_0\}^{①}=[-4\quad 4]^T$，$\{F_0\}^{②}=[-9\quad 9]^T$，则等效结点荷载为（　　）。

A. $[-4\quad 13\quad 9]^T$
B. $[-4\quad 5\quad 9]^T$

C. $[-4\quad 5\quad -9]^T$
D. $[4\quad -5\quad 9]^T$

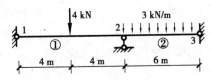

图8.3　题8.8图

【8.9】图8.4所示结构用矩阵位移法求解时，等效结点荷载列阵为（　　）。

A. $[-Pl/(16)\quad 0\quad 0]^T$
B. $[-P/2\quad P/2\quad -Pl/(16)]^T$

C. $[0\quad 0\quad 0]^T$
D. $[P/2\quad -P/2\quad 0]^T$

【8.10】图8.5所示结构中单元①的定位向量为（　　）。

A. $[0\quad 0\quad 1\quad 2\quad 3\quad 4]^T$
B. $[2\quad 3\quad 4\quad 0\quad 0\quad 1]^T$

C. $[0\quad 0\quad 1\quad 3\quad 2\quad 4]^T$
D. $[3\quad 2\quad 4\quad 0\quad 0\quad 1]^T$

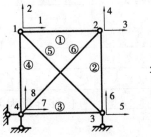

图8.4　题8.9图　　　　图8.5　题8.10图

【8.11】图8.6所示连续梁结构，在用结构矩阵分析时将杆AB划分成AD和DB两单元进行计算是（　　）。

A. 最好的方法
B. 较好的方法

C. 可行的方法
D. 不可行的方法

【8.12】图8.7所示结构，用矩阵位移法计算时（计轴向变形），未知量的数目是（　　）。

A. 9
B. 5

C. 10
D. 6

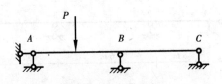

图8.6　题8.11图

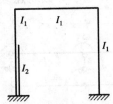

图8.7　题8.12图

【8.13】单元刚度矩阵中元素k_{ij}的物理意义是（　　）。

A. 当且仅当$\delta_i=1$时引起的与δ_j相应的杆端力

B. 当且仅当 $\delta_j = 1$ 时引起的与 δ_i 相应的杆端力

C. 当 $\delta_j = 1$ 时引起的与 δ_i 相应的杆端力

D. 当 $\delta_i = 1$ 时引起的与 δ_j 相应的杆端力

【8.14】单元定位向量是由单元(　　)组成的向量。

A. 局部坐标杆端位移编码　　　　　　　B. 所在结点编号

C. 所在结点位移总码　　　　　　　　　D. 整体坐标杆端位移分量编码

【8.15】单元刚度矩阵为奇异矩阵的是(　　)单元。

A. 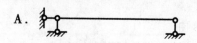　　　　　　　　　　　　　　B.

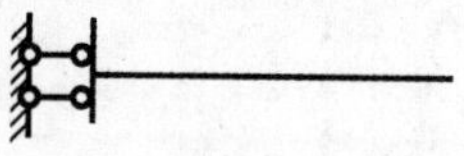

C. 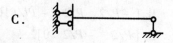　　　　　　　　　　　　　　D.

二、填空题

【8.16】矩阵位移法分析包含两个基本分析步骤,其一_____分析,其二_____分析。

【8.17】矩阵位移法中单元分析的任务是_____。
矩阵位移法中整体分析的任务是_____
_____。

【8.18】单元刚度矩阵 $\overline{k}_{ij}^{(e)}$ 的物理意义是表示_____位移分量为单位位移时产生的_____。

【8.19】单元刚度矩阵 $[\overline{K}]_{ij}^{(e)}$ 中第 i 列元素分别表示_____当为单位位移时产生的_____。

【8.20】单元坐标转换矩阵为一_____矩阵,其逆矩阵 $[T]^{-1}$ 等于_____。

【8.21】单元定位向量 $\{\lambda\}^{(e)}$ 中第 i 个元素 λ_i 的意义是_____。

【8.22】各单元的杆端内力一般是由两部分组成,其表达式 $[\overline{F}]^{(e)} = $_____。

【8.23】图 8.8 所示连续梁的刚度矩阵中系数 k_{21} 等于_____, k_{23} 等于_____。

【8.24】因为自由式单元(6×6)的单元刚度矩阵是奇异矩阵,所以不能在已知_____时应用单元刚度方程求_____。

【8.25】图 8.9 所示等截面连续梁,设 $EI = 1$ kN·m^2,则结构刚度矩阵中的第二个主元素 $k_{22} = $_____。

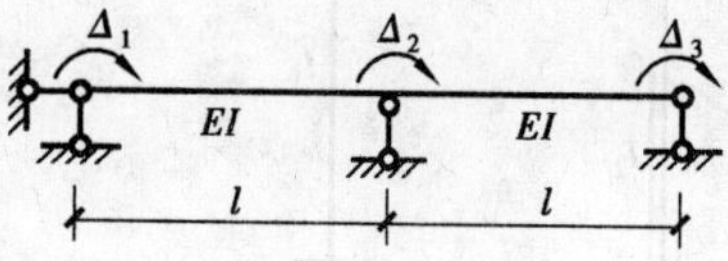

图 8.8　题 8.23 图 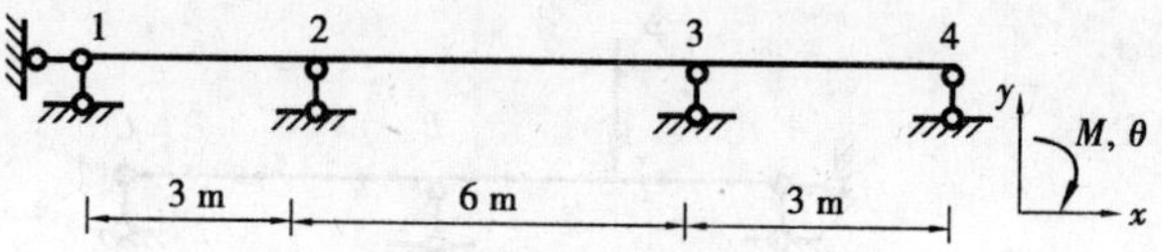　　　　　　　　　　　　　　图 8.9　题 8.25 图

三、判断题

【8.26】非结点荷载与它的等效结点荷载所引起的结点位移相等。 （ ）

【8.27】结构刚度矩阵主对角线上的元素恒大于零。 （ ）

【8.28】局部坐标系下的单元杆端力矩阵与整体坐标系下的单元杆端力矩阵之间的关系为 $\bar{\boldsymbol{F}}^e = \boldsymbol{T}^T \boldsymbol{F}^e$。 （ ）

【8.29】结构整体刚度方程实质是结点的平衡方程。 （ ）

【8.30】连续梁单元刚度矩阵是对称矩阵，也是非奇异矩阵。 （ ）

【8.31】矩阵位移法只能解超静定问题。 （ ）

【8.32】结构整体刚度矩阵可直接由局部坐标系下单元刚度矩阵中元素"对号入座"得到。 （ ）

【8.33】如图8.10所示结构，按矩阵位移法求解时，将结点1和3的转角作为未知量是不可以的。 （ ）

【8.34】如图8.11所示结构各单元的坐标变换矩阵为

$$\boldsymbol{T}^{①} = \frac{\sqrt{2}}{2} \begin{bmatrix} 1 & 1 & 0 & 0 \\ -1 & 1 & 0 & 0 \\ 0 & 0 & 1 & 1 \\ 0 & 0 & -1 & 1 \end{bmatrix}, \boldsymbol{T}^{②} = \frac{\sqrt{2}}{2} \begin{bmatrix} -1 & 1 & 0 & 0 \\ -1 & -1 & 0 & 0 \\ 0 & 0 & -1 & 1 \\ 0 & 0 & -1 & -1 \end{bmatrix}。$$ （ ）

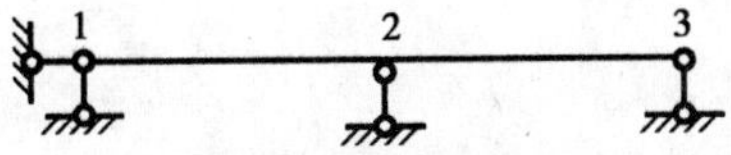

图8.10 题8.33图 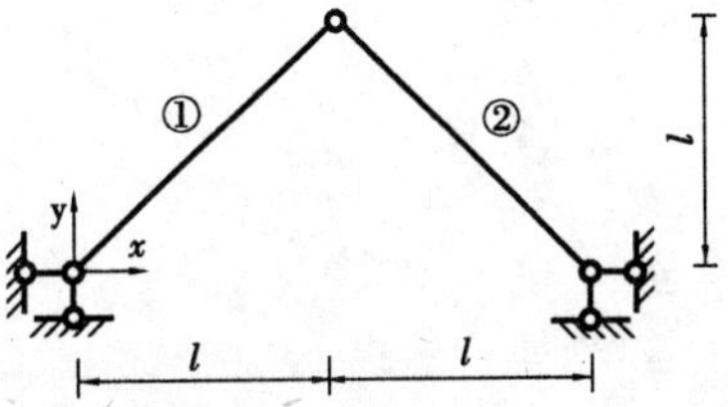　　图8.11 题8.34图

【8.35】图8.12所示梁用矩阵位移法求解时有一个基本未知量。 （ ）

【8.36】已知图8.13所示刚架各杆 EI = 常数，当只考虑弯曲变形，且各杆单元类型相同时，采用先处理法进行结点编号，其编号是正确的。 （ ）

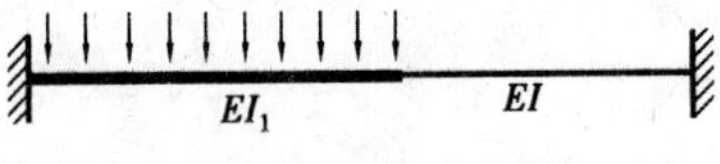

图8.12 题8.35图 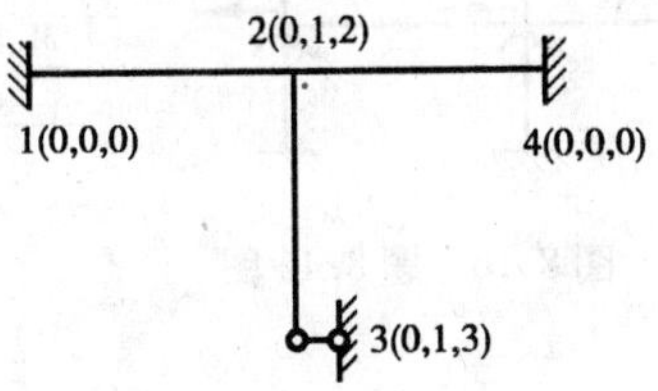　　图8.13 题8.36图

【8.37】结构原始刚度矩阵与结点位移编号方式无关。 （ ）

【8.38】改变局部坐标系的正向，单元定位向量 $\{\lambda\}$ 不改变，$[k]$ 改变。 （ ）

【8.39】矩阵位移法基本未知量与位移法基本未知量数目是相等的。 （ ）

【8.40】图 8.14 所示梁结构刚度矩阵的元素 $k_{11} = 24EI/l^3$。 （　　）

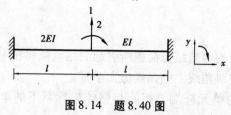

图 8.14　题 8.40 图

四、计算题

【8.41】用先处理法计算图 8.15 所示结构刚度矩阵的元素 K_{22}, K_{33}, K_{13}。

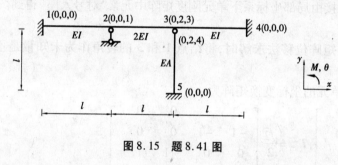

图 8.15　题 8.41 图

【8.42】※计算图 8.16 所示刚架结构刚度矩阵中的元素 K_{11}, K_{88}（只考虑弯曲变形）。设各层高度为 h，各跨长度为 $l, h = 0.5l$，各杆 EI 为常数。

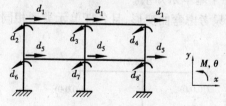

图 8.16　题 8.42 图

【8.43】用先处理法写出图 8.17 所示刚架结构刚度矩阵 $[K]$。已知：

$$[\bar{k}]^{①} = [\bar{k}]^{②} = [\bar{k}]^{③} = 10^4 \times \begin{bmatrix} 300 & 0 & 0 & -300 & 0 & 0 \\ 0 & 12 & 30 & 0 & -12 & 30 \\ 0 & 30 & 100 & 0 & -30 & 50 \\ -300 & 0 & 0 & 300 & 0 & 0 \\ 0 & -12 & -30 & 0 & 12 & -30 \\ 0 & 30 & 50 & 0 & -30 & 100 \end{bmatrix}$$

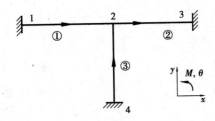

图 8.17　题 8.43 图

【8.44】试计算图 8.18 所示连续梁的结点转角和杆端弯矩。

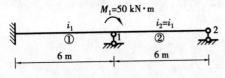

图 8.18　题 8.44 图

【8.45】试计算图 8.19 所示连续梁的结点转角和杆端弯矩。

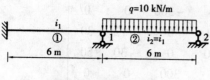

图 8.19 题 8.45 图

【8.46】试用矩阵位移法计算图 8.20 所示连续梁,并画出弯矩图。

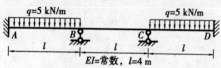

图 8.20 题 8.46 图

【8.47】用先处理法写出图 8.21 所示结构的结构刚度矩阵 K，E＝常数。

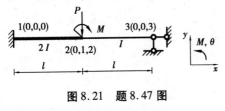

图 8.21　题 8.47 图

【8.48】用先处理法写出图 8.22 所示刚架的结构刚度矩阵 K，只考虑弯曲变形。

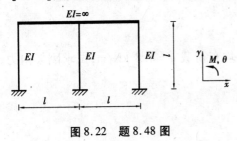

图 8.22　题 8.48 图

【8.49】试求图 8.23 所示刚架的整体刚度矩阵 **K**(考虑轴向变形影响)。设各杆几何尺寸相同，$l = 5$ m，$A = 0.5$ m^2，$I = \frac{1}{24}$ m^4，$E = 3 \times 10^4$ MPa。

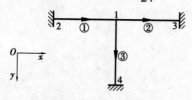

图 8.23　题 8.49 图

【8.50】在【8.44】题刚架中，设在单元①上作用均布荷载 $q = 4.8$ kN/m，试求刚架内力，并画出刚架内力图。

【8.51】设图 8.24 所示刚架各杆 E, I, A 相同,且 $A = 12\sqrt{2}\dfrac{1}{l^2}$。试求各杆内力。

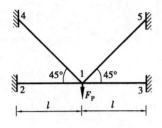

图 8.24 题 8.51 图

【8.52】试求图 8.25 所示刚架整体刚度矩阵、结点位移和各杆内力(忽略轴向变形)。

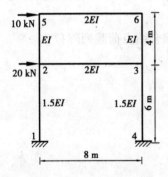

图 8.25 题 8.52 图

【8.53】用先处理法计算图 8.26 所示结构的综合结点荷载列阵{P}。

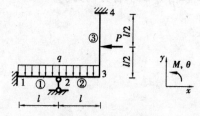

图 8.26　题 8.53 图

【8.54】※计算图 8.27 所示刚架考虑弯曲、轴向变形时的综合结点荷载列阵{P}。

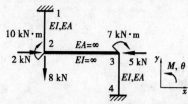

图 8.27　题 8.54 图

【8.55】计算图 8.28 所示刚架对应于自由结点位移的综合结点荷载列阵$\{P\}$。

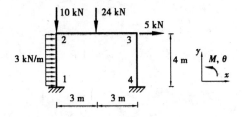

图 8.28 题 8.55 图

【8.56】计算图 8.29 所示结构结点荷载列阵中的元素 P_4, P_5, P_6。

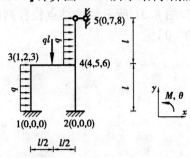

图 8.29 题 8.56 图

【8.57】设图 8.30 所示桁架各杆 E, A 相同,试求各杆轴力。如果撤去任一水平支杆,求解时会出现什么情况?

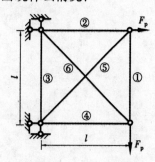

图 8.30　题 8.57 图

【8.58】计算杆 23 的杆端力列阵的第 2 个元素。已知图 8.31 所示结构结点位移列阵为:
$$\{\Delta\} = \begin{bmatrix} 0 & 0 & 0 & -0.156\,9 & -0.233\,8 & 0.423\,2 & 0 & 0 & 0 \end{bmatrix}^{\mathrm{T}}.$$

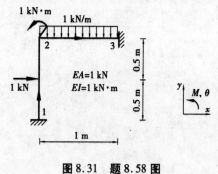

图 8.31　题 8.58 图

【8.59】计算图 8.32 所示结构中杆 34 的杆端力列阵中的第 3 个元素和第 6 个元素。不计杆件的轴向变形。已知图示结构结点位移列阵为：$\{\Delta\} = [\begin{matrix} 0 & 0 & 0 & -0.2 & 0 & 0.133\ 3 \end{matrix}$

$\begin{matrix} -0.2 & 0.2 & 0.333\ 3 & 0 & 0.366\ 7 & 0 & -0.755\ 6 & 0.2 & 0.666\ 67 \end{matrix}]^{\mathrm{T}}$。

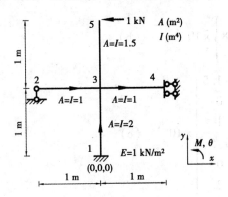

图 8.32 题 8.59 图

【8.60】已求得图 8.33 所示结构结点 2、3 的结点位移为式(a)、式(b),并已知单元②的整体坐标的单元刚度矩阵为式(c)。计算单元②2 端的弯矩。(长度单位:m,力单位:kN,角度单位:rad)

$$\begin{Bmatrix} u_2 \\ v_2 \\ \varphi_2 \end{Bmatrix} = \begin{Bmatrix} 0.2 \\ -160 \\ -40 \end{Bmatrix} \times 10^{-5} \quad (a) \qquad \begin{Bmatrix} u_3 \\ v_3 \\ \varphi_3 \end{Bmatrix} = \begin{Bmatrix} -0.3 \\ -159.8 \\ -10 \end{Bmatrix} \times 10^{-5} \quad (b)$$

$$[k]^{②} = \begin{bmatrix} 1.5 & 0 & 1.5 & -1.5 & 0 & -1.5 \\ 0 & 50 & 0 & 0 & -50 & 0 \\ -1.5 & 0 & 2 & 1.5 & 0 & 1 \\ -1.5 & 0 & 1.5 & 1.5 & 0 & 1.5 \\ 0 & -50 & 0 & 0 & 50 & 0 \\ -1.5 & 0 & 1 & 1.5 & 0 & 2 \end{bmatrix} \times 10^{-5} \quad (c)$$

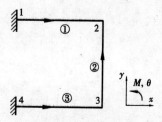

图 8.33　题 8.60 图

【8.61】考虑杆件的轴向变形,计算图 8.34 所示结构中单元①的杆端力 $\{\overline{F}\}^{①}$。已知:$I = (1/24)\,\text{m}^4$,$E = 3 \times 10^7 \text{kN/m}^2$,$A = 0.5\ \text{m}^2$。结点 1 的位移列阵 $\{\delta_1\} = 1 \times 10^{-6} \times [\,3.7002\ \text{m}$ $-2.7101\ \text{m} \quad -5.1485\ \text{rad}\,]^{\text{T}}$。

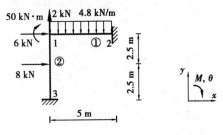

图 8.34　题 8.61 图

【8.62】已知图 8.35 所示梁结点转角列阵为 $\{\Delta\} = [\,0 \quad -ql^2/56i \quad 5ql^2/168i\,]^{\text{T}}$,$EI =$ 常数。计算 B 支座的反力。

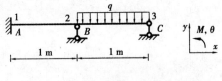

图 8.35　题 8.62 图

【8.63】※已知图 8.36 所示桁架的结点位移列阵(分别为结点 2,4 沿 x,y 方向位移)为:

$$\{\Delta\} = \frac{1}{EA} \times [342.322 \quad -1\,139.555 \quad -137.680 \quad -1\,167.111]^{\mathrm{T}},$$ 设各杆 EA 为常数。计算单元① 的内力。

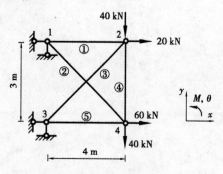

图 8.36　题 8.63 图

【8.64】已知图 8.37 所示桁架各杆 $E = 2.1 \times 10^{4}$ kN/m^{2},$A = 10^{-2}$ m^{2},$\Delta = (0.095\,24 \quad -0.256\,89)^{\mathrm{T}}$,求单元①的杆端力列阵。

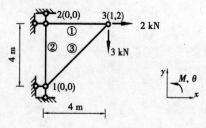

图 8.37　题 8.64 图

【8.65】试求图 8.38 所示桁架各杆轴力,设各杆 $\dfrac{EA}{l}$ 相同。

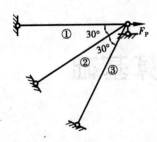

图 8.38 题 8.65 图

第9章 结构动力计算基础

【本章重点】

(1)掌握弹性体系振动自由度的定义及其确定方法；

(2)掌握单自由度、有限自由度体系运动方程的建立方法；

(3)重点掌握单自由度、有限自由度体系动力特性计算；

(4)熟练掌握单自由度、有限自由度体系在简谐荷载作用下的内力、位移计算；

(5)了解单自由度体系在一般荷载作用下的计算；

(6)掌握阻尼对振动的影响；

(7)了解阵型分解法；

(8)重点掌握两个自由度体系自振频率和主振型的求法；

(9)了解主振型正交性原理。

【本章难点】

求自振频率时,怎样选取刚度法与柔度法,一般来说,对于单自由度体系,求 δ_{11} 和 k_{11} 的难易程度是相同的,因为 δ_{11} 与 k_{11} 互为倒数,不同的是一个是已知力求位移,一个是已知位移求力;对于多自由度体系,若是静定结构,一般情况下求柔度系数容易些,但对于超静定结构就要根据情况而定。

结构对称性的利用问题,对于结构对称、质量分布也对称的体系,可以发生对称的振动和反对称的振动,可以通过取半边结构的方法,把原来两个自由度的问题简化成两个单自由度振动的问题。

【本章考点】

(1)体系的动力自由度；

(2)主振型及其正交性；

(3)体系的动力特性；

(4)建立并求解体系的运动方程、频率方程和振幅方程；

(5)无阻尼体系简谐荷载下动位移和动内力的计算。

【本章习题分类与解题要点】

本章题型大致包含以下4类:

(1)确定体系动力自由度。体系的振动自由度是一种几何特性,不一定等于质点的个数,更不等于超静定次数。

(2)求结构的自振频率、自振周期及主振型。自振频率、自振周期及主振型是结构本身的固有特征,取决于结构的刚度特征和质量特征,与动荷载无关。

(3)求体系的振动方程。有限自由度体系的振动方程是含时间变量的常微分方程。建立振动方程可以采用柔度法或刚度法等。

(4)求体系的动位移幅值和最大动力弯矩。最大动位移、最大动内力是由荷载和惯性力引起的,一般并不等于最大位移和最大内力,因为后者还应包含由质量引起的重力作用所产生的静位移和静内力。

一、选择题

【9.1】结构动力计算的基本未知量是( )。

    A. 质点位移   B. 结点位移   C. 多余未知力   D. 杆端弯矩

【9.2】图9.1所示结构的动力自由度为( )。

    A. 1   B. 2   C. 3   D. 4

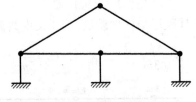

图9.1 题9.2图

【9.3】体系的自振频率 ω 的物理意义是( )。

    A. 振动一次所需时间   B. 2π s 内振动的次数

    C. 干扰力在 2π s 内变化的周数   D. 每秒内振动的次数

【9.4】单自由度体系的自由振动主要计算( )。

    A. 频率与周期   B. 振型   C. 频率与振型   D. 动力反应

【9.5】多自由度体系的自由振动主要计算( )。

    A. 频率与周期   B. 振型   C. 频率与振型   D. 动力反应

【9.6】单自由度体系自由振动的振幅取决于( )。

    A. 初位移   B. 初位移、初速度与质量

    C. 初速度   D. 初位移、初速度与结构自振频率

【9.7】欲使图9.2所示体系的自振频率增大,在下述办法中可采用( )。

    A. 增大质量 m B. 将质量 m 移至梁的跨中位置

    C. 减小梁的 EI D. 将铰支座改为固定支座

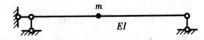

图9.2 题9.7图

【9.8】无阻尼单自由度体系的自由振动方程: $y(t)=C_1\sin\omega t+C_2\cos\omega t$。则质点的振幅 $y_{max}=$( )。

    A. C_1 B. C_1+C_2 C. $\sqrt{C_1^2+C_2^2}$ D. $C_1^2+C_2^2$

【9.9】下列哪句话有错误或不够准确?( )

    A. 在多自由度体系自由振动问题中,主要问题是确定体系的全部自振频率及相应

的主振型

B. 多自由度体系的自振频率不止一个,其个数与自由度个数相等

C. 每个自振频率都有自己相应的主振型,主振型就是多自由度体系振动时各质点的位移变化形式

D. 与单自由度体系相同,多自由度体系的自振频率和主振型也是体系本身的固有性质

【9.10】为了提高图9.3所示梁的自振频率,下列措施正确的是(　　　)。

①缩短跨度;②增大截面;③将梁端化成固定端;④减小质量;⑤增大电机转速

A.①②③　　　　　B.①②③④　　　　　C.②③④　　　　　D.①②③④⑤

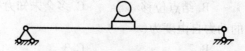

图9.3　题9.10图

【9.11】图9.4所示结构,不计阻尼与杆件质量,若要发生共振,θ应等于(　　　)。

A.$\sqrt{\dfrac{2k}{3m}}$　　　　　B.$\sqrt{\dfrac{k}{3m}}$　　　　　C.$\sqrt{\dfrac{2k}{5m}}$　　　　　D.$\sqrt{\dfrac{k}{5m}}$

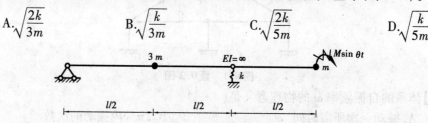

图9.4　题9.11图

【9.12】使单自由度体系的阻尼增加,其结果是(　　　)。

A.周期变长　　　　　　　　　　　B.周期不变

C.周期变短　　　　　　　　　　　D.周期视具体体系而定

【9.13】图9.5(a)结构如化为图9.5(b)所示的等效结构,则图(b)弹簧的等效刚度k_e为(　　　)。

A.k_1+k_2　　　　B.$\dfrac{1}{k_1}+\dfrac{1}{k_2}$　　　　C.$\dfrac{k_1k_2}{k_1+k_2}$　　　　D.$\dfrac{k_2}{k_1}+\dfrac{k_1}{k_2}$

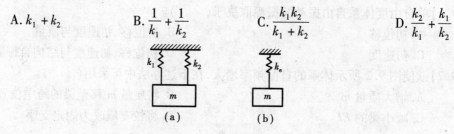

图9.5　题9.13图

【9.14】单自由度体系运动方程为$y+2\xi\omega y+\omega^2 y=P(t)/m$,其中,未考虑质点重力,这是因为(　　　)。

A.重力在弹性力中考虑了

B.重力与其他力相比,可略去不计

C.以重力作用时的静平衡位置为y坐标零点

D.重力是静力,不在动平衡方程中考虑

【9.15】图 9.6 所示 4 个结构,柱子的刚度、高度相同,横梁刚度为无穷大,质量集中在横梁上。它们的自振频率自左至右分别为 $\omega_1,\omega_2,\omega_3,\omega_4$,那么它们的关系是(　　　)。

A. $\omega_1 < \omega_2 < \omega_3 < \omega_4$

B. $\omega_1 = \omega_2 < \omega_3 < \omega_4$

C. $\omega_1 = \omega_2 = \omega_3 = \omega_4$

D. $\omega_1 < \omega_2 = \omega_3 < \omega_4$

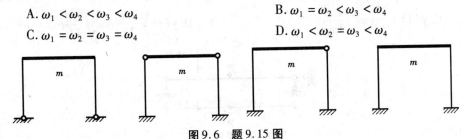

图 9.6　题 9.15 图

【9.16】图 9.7 所示体系的自振频率为(　　　)。

A. $\sqrt{\dfrac{24EI}{mh^3}}$　　　　B. $\sqrt{\dfrac{36EI}{mh^3}}$　　　　C. $\sqrt{\dfrac{48EI}{mh^3}}$　　　　D. $\sqrt{\dfrac{12EI}{mh^3}}$

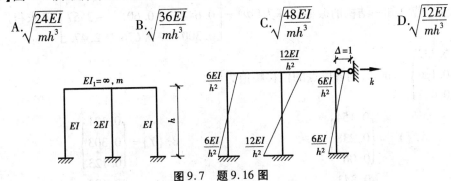

图 9.7　题 9.16 图

【9.17】图 9.8 所示 4 个相同的桁架,只是集中质量 m 的位置不同,它们的自振频率分别为 $\omega_1,\omega_2,\omega_3,\omega_4$(忽略阻尼及竖向振动作用,各杆 EA 为常数),那么它们的关系是(　　　)。

A. $\omega_1 = \omega_2 < \omega_3 = \omega_4$

B. $\omega_1 < \omega_2 < \omega_3 < \omega_4$

C. $\omega_1 = \omega_2 > \omega_3 = \omega_4$

D. $\omega_1 > \omega_2 > \omega_3 > \omega_4$

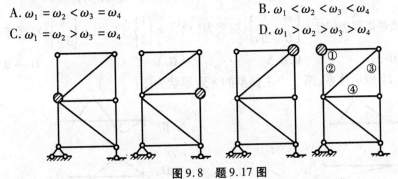

图 9.8　题 9.17 图

【9.18】图 9.9 所示梁自重不计,在集中重量 W 作用下,C 点竖向位移 $\Delta_C = 1$ cm,则该体系的自振周期为(　　　)。

A. 0.032 s　　　　　　　　　　B. 0.201 s

C. 0.319 s　　　　　　　　　　D. 2.007 s

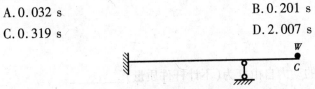

图 9.9　题 9.18 图

【9.19】图 9.10 所示梁不计阻尼,承受一静载 $F = 12$ kN·m,梁 EI 为常数。设在 $t = 0$ 时刻把这个荷载突然撤除,则质点 m 的位移为(　　　)。

A. $y(t) = \dfrac{11}{EI}\cos\sqrt{\dfrac{3EI}{4m}}t$ B. $y(t) = \dfrac{4mg}{3EI}\cos\sqrt{\dfrac{3EI}{4m}}t$

C. $y(t) = \dfrac{11}{EI}\cos\sqrt{\dfrac{4EI}{3mg}}t$ D. $y(t) = \dfrac{4mg}{3EI}\cos\sqrt{\dfrac{3EI}{11}}t$

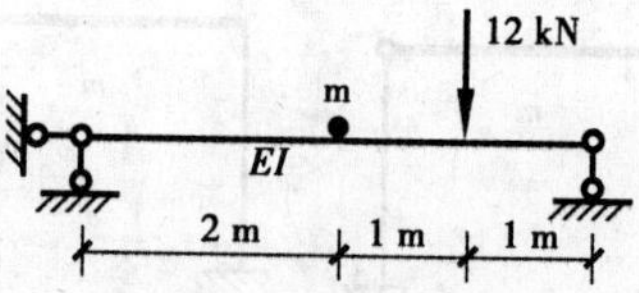

图 9.10　题 9.19 图

【9.20】若已知一结构的振型矩阵为 $[\Phi] = \begin{bmatrix} 1.000 & 1.000 & 1.000 \\ 0.644 & -0.601 & -2.57 \\ 0.300 & -0.676 & 2.47 \end{bmatrix}$，又求得广义坐标为

$\{X\} = \begin{Bmatrix} 0.332 \\ 0.106 \\ 0.033 \end{Bmatrix} \cdot \sin\theta t$，则各质点的位移幅值为（　　　）。

A. $\{Y\} = \begin{Bmatrix} 0.154 \\ 0.238 \\ 0.067 \end{Bmatrix}$ B. $\{Y\} = \begin{Bmatrix} 0.121 \\ 0.303 \\ 0.123 \end{Bmatrix}$

C. $\{Y\} = \begin{Bmatrix} 0.343 \\ 0.279 \\ 0.145 \end{Bmatrix}$ D. $\{Y\} = \begin{Bmatrix} 0.193 \\ 0.362 \\ 0.090 \end{Bmatrix}$

【9.21】已知质量矩阵为 $[M] = \begin{bmatrix} m & 0 \\ 0 & 2m \end{bmatrix}$，振型为 $\{Y\}^{(1)} = \begin{Bmatrix} 1 \\ 2 \end{Bmatrix}$，$\{Y\}^{(2)} = \begin{Bmatrix} 1 \\ Y_{22} \end{Bmatrix}$，$Y_{22}$ 等于（　　　）。

A. -0.5 B. 0.5 C. 1 D. -0.25

【9.22】图 9.11 所示体系，第三个主振型的大致形状为图（　　　）。

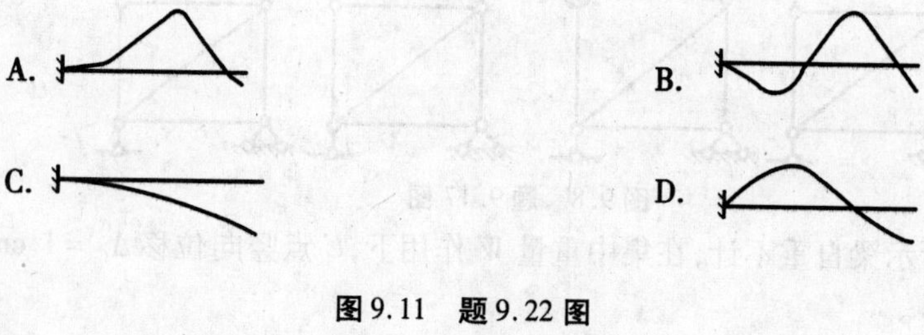

图 9.11　题 9.22 图

二、填空题

【9.23】图 9.12 所示结构的动力自由度为（不计杆件质量）_____。

【9.24】图 9.13 所示体系的动力自由度为_____。

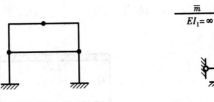

图9.12　题9.23图　　　　图9.13　题9.24图

【9.25】考虑图9.14所示结构的振动自由度个数(不考虑结构的轴向变形),图示(a)为_____,图示(b)为_____。

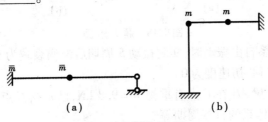

(a)　　　　　　(b)

图9.14　题9.25图

【9.26】不计阻尼,不计自重,不考虑杆件的轴向变形,图9.15所示体系的自振频率为_____。

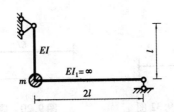

图9.15　题9.26图

【9.27】图9.16所示的3个结构中,图_____的自振频率最小,图_____的自振频率最大。

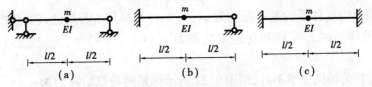

(a)　　　　　　(b)　　　　　　(c)

图9.16　题9.27图

【9.28】受到简谐荷载作用的单自由度体系,为减小质点的振幅,当自振频率 ω 小于荷载频率 θ 时,应_____体系的刚度;当自振频率 ω 大于荷载频率 θ 时,应_____体系的刚度。

【9.29】图9.17所示3个单跨梁的自振频率分别为 $\omega_a,\omega_b,\omega_c$,它们之间的大小关系是_____。

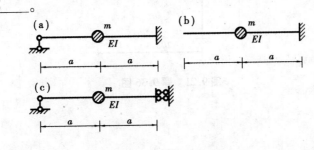

图9.17　题9.29图

【9.30】在动力计算中,图9.18所示(a)体系宜用_____法,图示(b)体系宜用_____法分析。

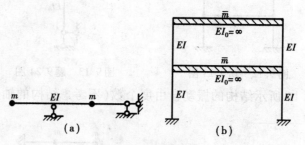

图9.18 题9.30图

【9.31】单自由度体系自由振动时,实测振动5周期后振幅衰减为 $y_5 = 0.04y_0$,则阻尼比 $\xi =$ _____。注:y_0 为初位移,初速度为0。

【9.32】图9.19所示梁 AB 在 C 点有重物 $W = 9.8$ kN,已知在 C 点作用竖向单位力时,C 点挠度为 0.04 cm/kN。则体系的自振周期等于_____s。

【9.33】图9.20所示体系不计阻尼的稳态最大动位移 $y_{\max} = 4F_0 l^3 / 9EI$,则其最大动力弯矩为_____。

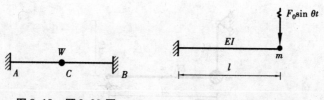

图9.19 题9.32图　　　　图9.20 题9.33图

【9.34】单自由度体系无阻尼自由振动时的动位移为 $y(t) = B\cos(\omega t) + C\sin(\omega t)$,设 $t = 0$ 时,$y(0) = y_0$,$\dot{y}(0) = 0$,则质量的速度幅值为_____。

【9.35】某两自由度体系的基本振型为 $\varphi_1 = (1 \quad 1.52)^{\mathrm{T}}$,若要使其发生按基本振型的自由振动,则施加给体系的初位移和初速度应满足 $y_1(0)/y_2(0) =$ _____,$\dot{y}_1(0)/\dot{y}_2(0) =$ _____。

【9.36】设直杆的轴向变形不计,则图9.21所示体系的质量矩阵为 $\boldsymbol{M} =$ _____。

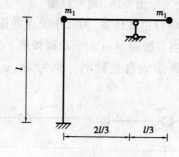

图9.21 题9.36图

三、判断题

【9.37】一般情况下,振动体系的自由度与超静定次数无关。 ( )

【9.38】由于体系的自由度与超静定次数无关,所以图9.22所示两个体系的振动自由度相同。

( )

【9.39】具有集中质量的体系,其动力计算自由度就等于其集中质量数。 ( )

【9.40】图9.23所示体系有3个振动自由度。 ( )

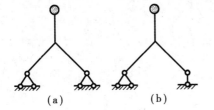
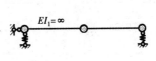

图9.22 题9.38图   图9.23 题9.40图

【9.41】结构的自振频率与质量、刚度及荷载有关。 ( )

【9.42】在简谐振动情况下,质点惯性力的方向永远与质点位移的方向相同。 ( )

【9.43】当结构中某杆件的刚度增加时,结构的自振频率不一定增大。 ( )

【9.44】阻尼对体系的频率无影响,所以计算频率时不考虑阻尼。 ( )

【9.45】动力系数总是大于或等于1。 ( )

【9.46】无阻尼单自由度体系在简谐荷载作用下,当 $k_{11} > m\theta^2$,荷载与位移同向。 ( )

【9.47】不计阻尼时,图9.24所示体系的自振频率 $\omega^2 = \dfrac{4k}{17m}$。 ( )

【9.48】不计阻尼时,图9.25所示系数的运动方程为:

$$\begin{bmatrix} m & 0 \\ 0 & m \end{bmatrix} \begin{Bmatrix} \ddot{X}_1 \\ \ddot{X}_2 \end{Bmatrix} + \frac{1}{h^3} \begin{bmatrix} 48EI & -24EI \\ -24EI & 24EI \end{bmatrix} \begin{Bmatrix} X_1 \\ X_2 \end{Bmatrix} = \begin{Bmatrix} P(t) \\ 0 \end{Bmatrix}$$ ( )

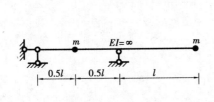
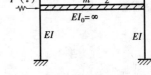

图9.24 题9.47图   图9.25 题9.48图

【9.49】单自由度体系自由振动中质点位移为 $y(t) = A\sin(\omega t + \varphi)$,所以质点的运动轨迹是正弦曲线。 ( )

【9.50】重力对动内力和动位移没有影响。 ( )

【9.51】第 i 主振型 $A^{(i)}$ 中的各元素 $A_1^{(i)}, A_2^{(i)}, \cdots, A_n^{(i)}$ 表示的是体系按第 i 个主振型振动时各质点的振幅值。 ( )

【9.52】n 个自由度体系有 n 个共振区。 ( )

【9.53】只要结构对称(包括质量分布情况),其振型一定是正对称或反对称的。 ( )

四、计算题

【9.54】求图 9.26 所示体系的自振频率 ω。

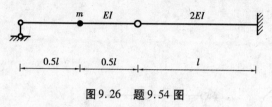

图 9.26 题 9.54 图

【9.55】求图 9.27 所示结构的自振频率 ω。

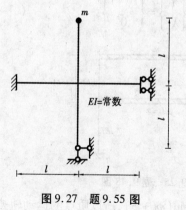

图 9.27 题 9.55 图

【9.56】求图9.28所示刚架的自振频率。不计柱的质量。

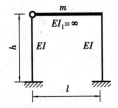

图9.28　题9.56图

【9.57】求图9.29所示体系的自振频率,各杆 $EI=$ 常数。(注意:B 点存在转角)

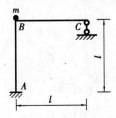

图9.29　题9.57图

【9.58】求图9.30所示体系的自振频率。（试分别通过求刚度系数与柔度系数求解）

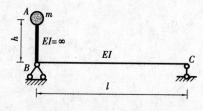

图9.30　题9.58图

【9.59】图9.31所示桁架在跨中结点上作用集中质量 m，试求自振频率 ω。各杆 EA 为常数。

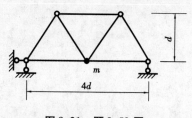

图9.31　题9.59图

【9.60】求图 9.32 所示体系的自振频率。(试用幅值方程法、能量法求解)

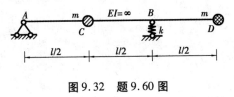

图 9.32 题 9.60 图

【9.61】图 9.33 所示排架的横梁为刚性杆,质量为 m,试建立其运动方程。

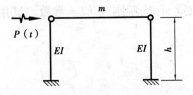

图 9.33 题 9.61 图

【9.62】图 9.34 所示结构的横梁为刚性杆,质量分别为 m_1 和 m_2,柱的弯曲刚度均为 EI,试建立其运动方程。

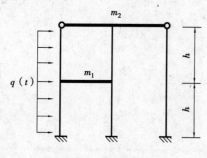

图 9.34　题 9.62 图

【9.63】如图 9.35 所示,简支梁上有两个相等的集中质量 m,抗弯刚度 $EI =$ 常数。试用柔度法求其自振频率和振型。

图 9.35　题 9.63 图

【9.64】求图 9.36 所示体系频率和主振型,并验算其主振型是否满足正交性。

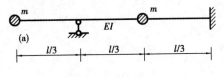

图 9.36 题 9.64 图

【9.65】※图 9.37 所示平面系统的梁 AB,长为 l,EI 为常数,两端铰支,中点 C 有一集中质量 m_1,它与质量 m_2 用刚度系数为 k 的弹簧相连。梁的自重不计,略去梁的轴向和剪切变形,试求系统的固有频率。已知 $k = 2\dfrac{EI}{l^3}$,$m_1 = m_2 = 0.8\dfrac{EI}{l^3}$。

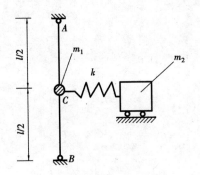

图 9.37 题 9.65 图

【9.66】※求图9.38所示交叉梁结构的频率和振型，EI = 常数。

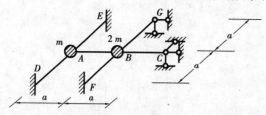

图9.38 题9.66图

【9.67】图9.39所示简支梁的中点固定有一重量 $G = 30$ kN 的电动机，电动机的转数为 $n = 500$ r/min；转动时偏心质量产生的离心力 $F = 10$ kN，梁的弹性模量 2.6×10^4 N/mm²，$l = 4$ m，惯性矩 $I = 0.8 \times 10^5$ cm⁴，若不考虑阻尼，试求电动机转动时梁的最大挠度和弯矩。

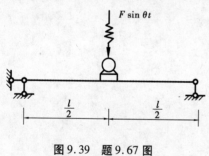

图9.39 题9.67图

【9.68】图 9.40 所示体系各柱 $EI =$ 常数，$\theta = \sqrt{\dfrac{18EI}{ml^3}}$，求最大动力弯矩。

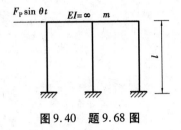

图 9.40　题 9.68 图

【9.69】求图 9.41 所示体系的最大动弯矩 M_{dmax} 及质量 m 的动位移幅值。已知 $\theta = \sqrt{\dfrac{6EI}{ml^3}}$，杆刚度 EI，质量不计。

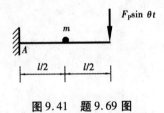

图 9.41　题 9.69 图

【9.70】绘制图 9.42 所示结构动弯矩幅值图。$\theta^2 = \dfrac{EI}{3ml^3}$。

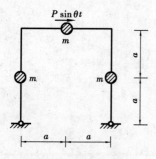

图 9.42　题 9.70 图

【9.71】求图 9.43 所示体系梁中点的动位移幅值和动力弯矩幅值。

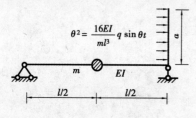

图 9.43　题 9.71 图

【9.72】在图 9.44 所示体系中,已知 $m = 300$ kg,$EI = 90 \times 10^5$ N·m²,$l = 4$ m,$k = 48EI/l^3$,$P = 20$ kN,$\theta = 80$ s⁻¹。求:(1)无阻尼时梁中点的动位移幅值;(2)当 $\xi = 0.05$ 时,梁中点的动位移幅值和最大动力弯矩。

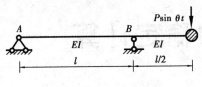

图 9.44　题 9.72 图

第 10 章 结构的稳定计算

【本章重点】
(1)判定稳定自由度,特别是刚性压杆体系的稳定自由度;
(2)用静力法和能量法求有限自由度体系的临界荷载;
(3)用静力法求弹性压杆的稳定方程;
(4)求具有弹性支承的等截面弹性直杆的稳定方程或临界荷载。

【本章难点】
稳定方程的求解,关键是将结构中的等截面压杆简化为弹性支承压杆。

【本章考点】
(1)基本概念的考查,包括:结构的 3 种平衡状态、结构的两种失稳类型、稳定自由度;
(2)用静力法求有限自由度体系及无限自由度体系的临界荷载;
(3)用能量法求有限自由度体系及无限自由度体系的临界荷载;
(4)具有弹性支承的等截面直杆的稳定。

【本章习题分类与解题要点】
(1)用静力法或能量法求有限自由度体系的临界荷载;
(2)用静力法或能量法求弹簧刚度 k;
(3)用静力法求弹性压杆的稳定方程;
(4)用静力法或能量法求无限自由度体系的临界荷载。

一、选择题

【10.1】图 10.1 所示结构中其他杆件对压杆 BD 的影响可简化为(　　　)。
　　A.固定铰支座　　　　　　B.固定支座　　　　　　C.抗转弹性支座　　　　　　D.抗移弹性支座

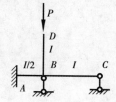

图 10.1　题 10.1 图

【10.2】图 10.2 所示梁与柱铰接的压杆体系,其临界荷载 P_{cr} 为(　　　)。
　　A. $\pi^2 EI/l^2$　　　　　　B. $\pi^2 EI/(0.7l)^2$　　　　　　C. $\pi^2 EI/(0.5l)^2$　　　　　　D. $< \pi^2 EI/(2l)^2$

【10.3】图 10.3 所示梁与柱刚接的有侧移压杆体系,其临界荷载 P_{cr} 为( )。

A. $\pi^2 EI/3l^2$ B. $\pi^2 EI/l^2$ C. $3\pi^2 EI/l^2$ D. $\pi^2 EI/(0.5l)^2$

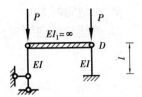 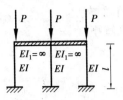

图 10.2 题 10.2 图   图 10.3 题 10.3 图

【10.4】图 10.4(a) 体系可化为图(b)等效体系(桁架杆 EI =常数),其中 k 是( )。

A. $0.146\,4EA/a$ B. $0.207\,1EA/a$ C. $0.073\,2EA/a$ D. $0.103\,6EA/a$

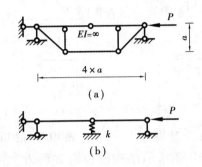

图 10.4 题 10.4 图

【10.5】结构稳定计算属于( )。

     A. 物理非线性、几何非线性问题   B. 物理非线性、几何非线性问题

     C. 物理线性、几何非线性问题   D. 物理线性、几何线性问题

【10.6】下列哪种情况的承载能力由稳定条件所决定?( )

     A. 短粗杆受拉   B. 细长杆受拉   C. 短粗杆受压   D. 细长杆受压

【10.7】n 个自由度体系的稳定方程是( )。

     A. n 次代数方程   B. n 阶齐次方程组   C. 微分方程   D. 超越方程

【10.8】图 10.5 所示体系属于分支点失稳的是( )。

     A. (a)(b)   B. (a)(b)(c)   C. (a)(b)(c)(d)   D. (a)(c)

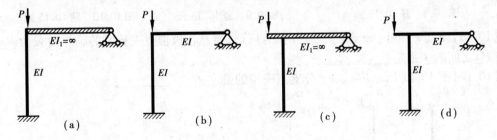

图 10.5 题 10.8 图

【10.9】使用能量法时,假定的失稳曲线( )。

     A. 必须满足几何边界条件和尽量满足力的边界条件

     B. 必须满足几何边界条件和力的边界条件

     C. 尽量满足几何边界条件和力的边界条件

　　D.必须满足力的边界条件和尽量满足几何边界条件

【10.10】无限自由度体系用能量法求出的临界荷载(　　　)。

　　A.就是精确解　　　　　　　　　　　B.比精确解大

　　C.比精确解小　　　　　　　　　　　D.可能比精确解大,也可能比精确解小

二、填空题

【10.11】图10.6所示压杆体系,设压力 P 由中间柱承担,其临界荷载 P_{cr} 为_____。

【10.12】用位移法计算图10.7(a)所示刚架时,其基本方程(公式)为_____,基本未知量表示的是_____;用位移法求图10.7(b)所示刚架的临界荷载时,其基本方程式为_____,二者的刚度系数算法是否相同_____。

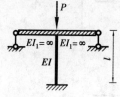

图10.6　题10.11图　　　　　　　图10.7　题10.12图

【10.13】用静力法求得图10.8所示结构的稳定方程为_____,临界荷载为_____。

【10.14】用能量法求得图10.9所示等截面直杆在自重作用下的临界荷载 $(ql)_{cr}$ 为_____。

【10.15】图10.10所示结构,当立柱失稳时,q 值等于_____。

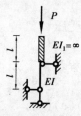  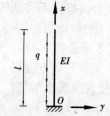 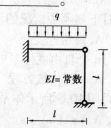

图10.8　题10.13图　　　　图10.9　题10.14图　　　　图10.10　题10.15图

【10.16】设同一压杆,分支点失稳时的临界荷载为 P_{C1},极值点失稳时的临界荷载为 P_{C2},则 P_{C1} 和 P_{C2} 之间的关系是_____。

【10.17】图10.11所示体系属于分支点失稳的是_____。

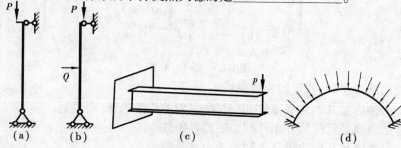

图10.11　题10.17图

【10.18】图 10.12 所示体系的稳定自由度是_____。

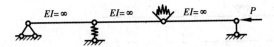

图 10.12　题 10.18 图

【10.19】稳定计算时,可将图 10.13(a)所示体系简化成图(b)所示具有弹性支撑的压杆,其中 $k =$ _____。

【10.20】图 10.14 所示坐标系及弯曲方向所建立的平衡微分方程为_____。

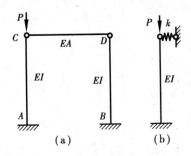

图 10.13　题 10.19 图

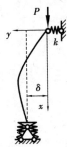

图 10.14　题 10.20 图

三、计算题

【10.21】试用静力法求图 10.15 所示体系的临界荷载。设弹簧的刚度系数为 k,杆件为刚性杆,不计杆件自重。

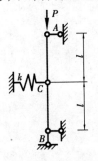

图 10.15　题 10.21 图

【10.22】分别用静力法和能量法计算图 10.16 所示体系的临界荷载。

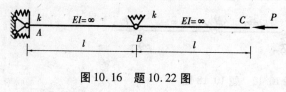

图 10.16　题 10.22 图

【10.23】图 10.17 所示结构体系中各杆为刚性杆,在铰接点 B,C 处有弹性支撑,其刚度系数都为 k,体系在 D 端有压力 F_P 作用。试用静力法求结构的临界荷载 F_{Pcr}。

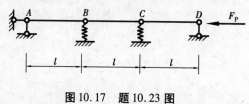

图 10.17　题 10.23 图

【10.24】将图10.18所示结构简化为单根压杆,并计算相应的弹簧刚度 k。$\left(已知\ k_1 = \dfrac{EI}{l^3}\right)$

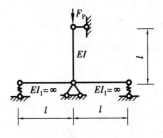

图10.18　题10.24图

【10.25】求图10.19所示完善体系的临界荷载 P_{cr}。转动刚度 $k_r = kl^2$,k 为弹簧刚度。

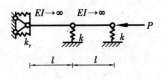

图10.19　题10.25图

【10.26】求图 10.20 所示刚架的临界荷载 P_{cr}。已知弹簧刚度 $k = \dfrac{3EI}{l^3}$。

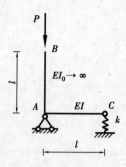

图 10.20　题 10.26 图

【10.27】用静力法求图 10.21 所示结构的临界荷载 P_{cr}，欲使 B 铰不发生水平移动，求弹性支承的最小刚度 k 值。

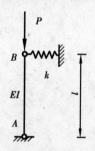

图 10.21　题 10.27 图

【10.28】用能量法求图 10.22 所示结构的临界荷载参数 P_{cr}。设失稳时两柱的变形曲线均为

余弦曲线:$y = \delta\left(1 - \cos\dfrac{\pi x}{2h}\right)$。提示:$\displaystyle\int_a^b \cos^2 u\,\mathrm{d}u = \left[\dfrac{u}{2} + \dfrac{1}{4}\sin 2u\right]_a^b$

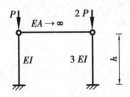

图 10.22 题 10.28 图

【10.29】用能量法求图 10.23 所示中心受压杆的临界荷载 P_{cr} 与计算长度,BC 段为刚性杆,

AB 段失稳时变形曲线设为:$y(x) = a\left(x - \dfrac{x^3}{l^2}\right)$。

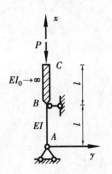

图 10.23 题 10.29 图

【10.30】用能量法求图 10.24 所示体系的临界荷载 P_{cr}。

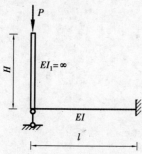

图 10.24　题 10.30 图

【10.31】用能量法求图 10.25 所示中心压杆的临界荷载 P_{cr}，设变形曲线为正弦曲线。提

示：$\int_a^b \sin^2 u \, du = \left[\dfrac{u}{2} - \dfrac{1}{4}\sin 2u \right]_a^b$

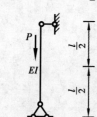

图 10.25　题 10.31 图

【10.32】设 $y = Ax^2(l-x)^2$，用能量法求图 10.26 所示临界荷载 P_{cr}。

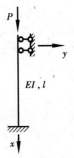

图 10.26　题 10.32 图

【10.33】用静力法求图 10.27 所示结构的稳定方程，并计算临界荷载 F_{Pcr}。

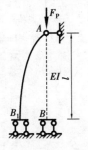

图 10.27　题 10.33 图

【10.34】求图 10.28 所示完善体系的临界荷载。弹性铰转动刚度 $k_r = 4kl^2$，k 为弹簧刚度。

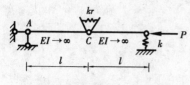

图 10.28　题 10.34 图

【10.35】试用能量法求图 10.29 所示体系的临界荷载 P_{cr}。

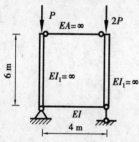

图 10.29　题 10.35 图

【10.36】图 10.30 所示上端自由、下端为弹性转动支承的压杆,转动刚度系数 $k_\varphi = \dfrac{2EI}{l}$,设

失稳曲线 $y = \delta\left(1 - \cos\dfrac{\pi x}{2l} + \dfrac{0.580}{l} \cdot x\right)$,试用能量法求临界荷载。已知:

$$\int \sin^2 x \, dx = \frac{x}{2} - \frac{1}{2}\sin x \cos x, \quad \int \cos^2 x \, dx = \frac{x}{2} + \frac{1}{2}\sin x \cos x$$

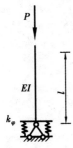

图 10.30　题 10.36 图

【10.37】试求图 10.31 所示结构的稳定方程。$EA = EI/l^2$。

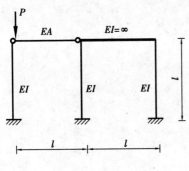

图 10.31　题 10.37 图

【10.38】求图 10.32 所示刚架的稳定方程。

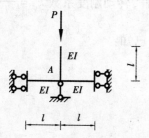

图 10.32　题 10.38 图

【10.39】试求图 10.33 所示阶形压杆的稳定特征方程。

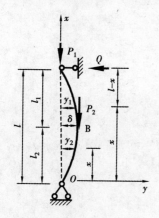

图 10.33　题 10.39 图

【10.40】试应用静力法求图 10.34 所示两端固定压杆的临界荷载 P_{cr}。设杆件抗弯刚度 EI = 常数。

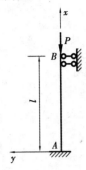

图 10.34 题 10.40 图

【10.41】※ 如图 10.35 所示，已知：$y = ax(l^2 - x^2)$，求 q_{cr}。

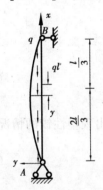

图 10.35 题 10.41 图

第11章　结构的极限荷载

【本章重点】

(1)塑性铰的概念及其性质,破坏机构与塑性铰数目的关系;

(2)可破坏荷载、可接受荷载、极限荷载的概念;

(3)3个基本定理;

(4)求连续梁的极限荷载。

【本章难点】

求连续梁的极限荷载,关键在于判定塑性铰最早出现的部位。

【本章考点】

(1)塑性铰的概念及性质,破坏机构与塑性铰数目的关系;

(2)可破坏荷载、可接受荷载、极限荷载的不同概念辨析以及大小区别;

(3)3个基本定理的理解,包括上限定理、下限定理和单值定理;

(4)求连续梁的极限荷载;

(5)求阶梯型变截面单跨超静定梁的极限荷载。

【本章习题分类与解题要点】

本章计算题大致分为两类:

(1)已知结构杆件的极限承载能力,求极限荷载。需要按照每个杆件出现塑性铰的情况分别计算,取最小值。

(2)已知杆件的极限荷载,求极限弯矩,并作弯矩图。

一、选择题

【11.1】下列结论中正确的是(　　　)。

    A. 塑性截面系数与截面积成正比

    B. 塑性铰不能承受反向荷载

    C. 任意截面在形成塑性铰过程中的中性轴位置保持不变

    D. 在极限状态下,截面的中性轴将截面积等分

【11.2】超静定的梁和刚架,当变成破坏机构时,塑性铰的数目 m 与结构超静定次数 n 之间的关系为(　　　)。

    A. $m = n$ B. $m > n$

    C. $m < n$ D. 视体系构造和承受荷载的情况而定

【11.3】塑性铰截面系数 W_s 和弹性截面系数 W 的关系为(　　)。

　　A. $W_s = W$ 　　　　　　　　　　　　　B. $W_s \geqslant W$

　　C. $W_s \leqslant W$ 　　　　　　　　　　　D. W_s 可能大于,也可能小于 W

【11.4】图 11.1 所示等截面梁的截面极限弯矩 $M_u = 120\ \mathrm{kN \cdot m}$,则其极限荷载为(　　)。

　　A. 120 kN 　　　　B. 100 kN 　　　　C. 80 kN 　　　　　　D. 40 kN

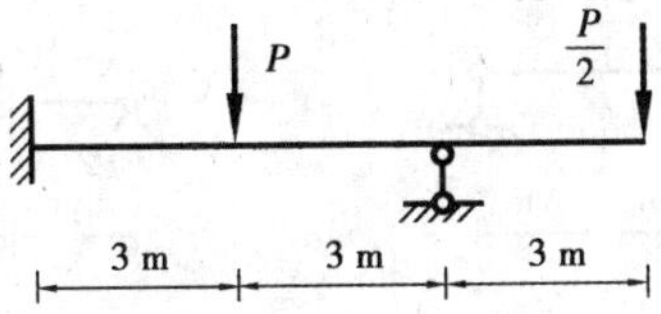

图 11.1　题 11.4 图

【11.5】图 11.2 所示梁的极限荷载 P_u 是(　　)。

　　A. $3.2M_u/d$ 　　　　B. $12.8M_u/d$ 　　　　C. $13.6M_u/d$ 　　　　D. $14.4M_u/d$

【11.6】结构截面的极限弯矩如图 11.3 所示,其极限荷载 P_u 为(　　)。

　　A. $\dfrac{1}{3}\dfrac{M_u}{l}$ 　　　　B. $\dfrac{2}{3}\dfrac{M_u}{l}$ 　　　　C. $\dfrac{5}{3}\dfrac{M_u}{l}$ 　　　　D. $\dfrac{8}{3}\dfrac{M_u}{l}$

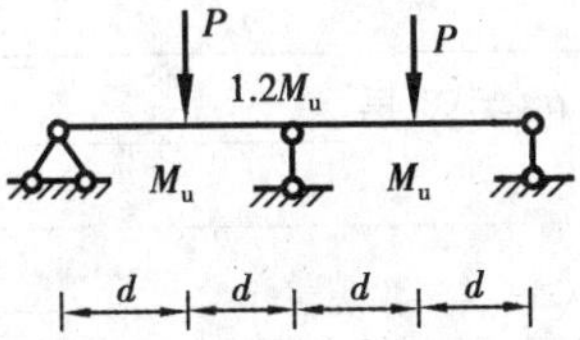

图 11.2　题 11.5 图 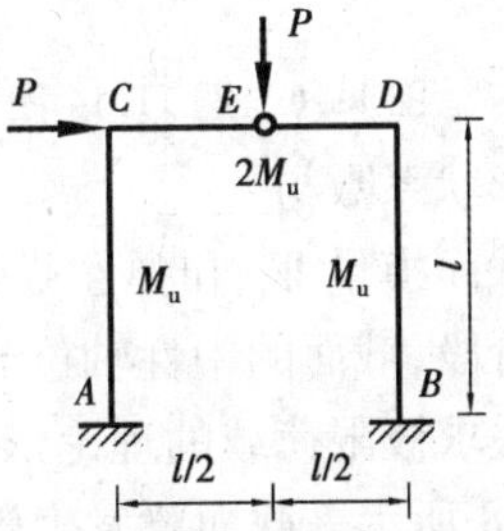　　　　　　**图 11.3　题 11.6 图**

【11.7】对于理想弹塑性材料,当应力达到了 σ_s 后,随着应变增加,应力(　　)。

　　A. 减小 　　　　　　B. 增加 　　　　　　C. 不变 　　　　　　D. 急剧增加

【11.8】考虑塑性时,下列哪种截面承载力提高得最多?(　　)

　　A. 矩形 　　　　　　B. 圆形 　　　　　　C. 工字形 　　　　　　D. 薄壁圆环形

【11.9】结构丧失承载能力的极限状态的特征是(　　)。

　　A. 荷载不再增加,变形继续增加 　　　　B. 荷载不再增加,变形不再增加

　　C. 荷载增加,变形继续增加 　　　　　　D. 荷载增加,变形不再增加

【11.10】每跨内为等截面的连续梁,在同向荷载作用下,其破坏机构的形式为(　　)。

　　A. 左右两跨形成一个破坏机构 　　　　　B. 各跨内独立形成破坏机构

　　C. 相邻多跨形成一个破坏机构 　　　　　D. 整个梁形成一个破坏机构

二、填空题

【11.11】用虚功法求结构的破坏荷载时,在虚功方程中只计入塑性截面弯矩所作的内虚功,而没有其余部分内力所作的内虚功,这是因为_____。

【11.12】图 11.4 所示连续梁在给定荷载作用下达到极限荷载时,其所需的截面极限弯矩值 M_u 是_____。

【11.13】图 11.5 所示简支梁,受到间距不变移动荷载作用,其中 $P_1 = 10$ kN,$P_2 = P_3 = 20$ kN,$P_4 = 5$ kN,则 C 截面最大弯矩的临界荷载是_____。

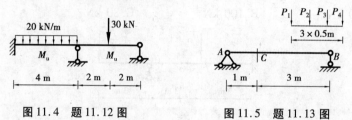

图 11.4 题 11.12 图   图 11.5 题 11.13 图

【11.14】图 11.6 所示结构的极限荷载 F_{Pu} 为_____。

【11.15】图 11.7 所示理想弹塑性材料,加载到 B 点时,将沿哪条线卸载?_____

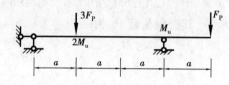

图 11.6 题 11.14 图   图 11.7 题 11.15 图

【11.16】截面形状系数与_____有关。

【11.17】塑性截面模量 W_u 和弹性截面模量 W 的关系是_____。

【11.18】塑性阶段,截面的中性轴位于_____。

【11.19】试算法求极限荷载的理论依据是_____。

【11.20】图 11.8 所示等截面梁发生塑性极限破坏时,梁中最大弯矩发生在_____。

图 11.8 题 11.20 图

三、计算题

【11.21】求图 11.9 所示结构的极限荷载 q_u。其中 $l = 8$ m,截面极限弯矩 $M_u = 65.4$ kN·m。

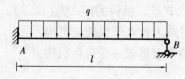

图 11.9 题 11.21 图

【11.22】求图 11.10 所示连续梁的极限荷载 q_u。截面的极限弯矩 $M_u = 140.25 \text{ kN} \cdot \text{m}$。

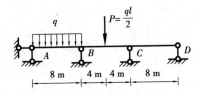

图 11.10 题 11.22 图

【11.23】图 11.11 所示简支梁,截面为宽 b、高 h 的矩形,材料屈服极限 σ_y。试确定梁的极限荷载 P_u。

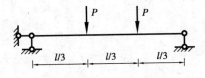

图 11.11 题 11.23 图

【11.24】图11.12 所示梁截面极限弯矩为 M_u。求梁的极限荷载 P_u，并画出相应的破坏机构与 M 图。

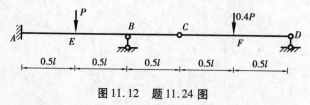

图 11.12　题 11.24 图

【11.25】画出图 11.13 所示变截面梁的极限状态的破坏机构图。

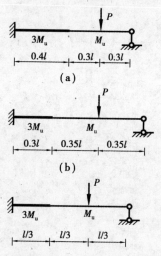

图 11.13　题 11.25 图

【11.26】图 11.14 所示刚架，M_u 为极限弯矩，试计算极限荷载 P_u。

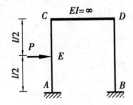

图 11.14　题 11.26 图

【11.27】求图 11.15 所示梁的极限荷载 P_u。

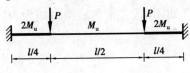

图 11.15　题 11.27 图

【11.28】※图 11.16 所示等截面梁,其截面承受的极限弯矩 $M_u = 6\,540\ \text{kN·cm}$,有一位置可变的荷载 P 作用于梁上,移动范围在 AD 内,确定极限荷载 P_u 值及其作用位置。

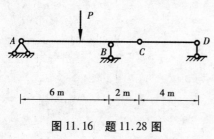

图 11.16 题 11.28 图

【11.29】讨论图 11.17 所示变截面梁的极限荷载 P_u。已知 AB 段截面的极限弯矩为 M'_u,BC 段截面的极限弯矩为 M_u,且 $M'_u > M_u$。

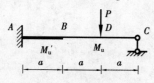

图 11.17 题 11.29 图

【11.30】试求图 11.18 所示排架的极限荷载 q_u。

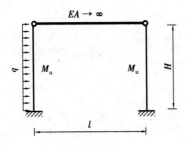

图 11.18　题 11.30 图

【11.31】★试确定图 11.19 所示刚架的极限荷载 P_u。

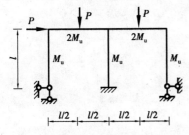

图 11.19　题 11.31 图

【11.32】求图 11.20 所示连续梁的极限荷载 P_u，并绘出极限状态下的弯矩图。

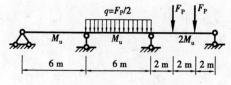

图 11.20　题 11.32 图

【11.33】试求图 11.21 所示等截面梁的极限荷载 q_u，梁截面的极限弯矩 M_u。

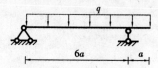

图 11.21　题 11.33 图

模拟试卷 1

一、选择题

【1】下列有关超静定结构极限荷载 q_u 的说法,正确的是(　　)。

A. q_u 的计算不仅要考虑最后的平衡条件,还应考虑结构弹塑性的发展过程

B. q_u 的计算除了考虑平衡条件外,还需要考虑温度改变、支座移动等因素的影响

C. q_u 的计算只需要考虑最后的平衡条件

D. q_u 的计算需同时考虑平衡条件和变形协调条件

【2】平面杆件结构一般情况下的单元刚度矩阵 $[k]_{6\times6}$,就其性质而言是(　　)。

A. 非对称、奇异矩阵　　　　　　　　　　　B. 对称、奇异矩阵

C. 对称、非奇异矩阵　　　　　　　　　　　D. 非对称、非奇异矩阵

【3】当结构发生共振时(考虑阻尼),结构的(　　)。

A. 干扰力与阻尼力平衡,惯性力与弹性力平衡

B. 动平衡条件不能满足

C. 干扰力与弹性力平衡,惯性力与阻尼力平衡

D. 干扰力与惯性力平衡,弹性力与阻尼力平衡

【4】求解稳定问题时,将图1(a)所示弹性杆件体系简化为图1(b)所示弹性支承单根压杆,则刚度系数 $k=$(　　)。

A. $\dfrac{7EI}{l}$　　　　　　　B. $\dfrac{8EI}{l}$　　　　　　　C. $\dfrac{9EI}{l}$　　　　　　　D. $\dfrac{12EI}{l}$

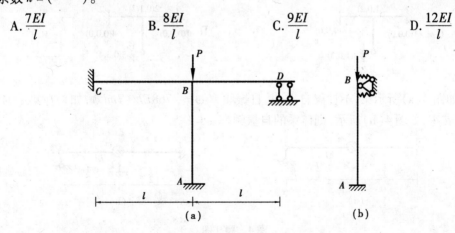

图1　题4图

【5】图2所示对称体系有( )。

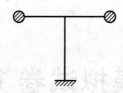

图2 题5图

A.一个对称振型和一个反对称振型　　　　B.一个对称振型和两个反对称振型

C.两个对称振型和一个反对称振型　　　　D.两个对称振型和两个反对称振型

【6】用矩阵位移法解图3所示结构时,已求1端由杆端位移引起的杆端力为$\{F_1\}=$
$[-6 \quad -4]^{\mathrm{T}}$,则结点1处的竖向反力$Y_1$等于( )。

　　A.-6　　　　　　B.-10　　　　　　C.10　　　　　　D.14

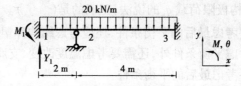

图3 题6图

【7】用E_{p}表示体系的总势能,则体系在稳定平衡状态的能量特征为( )。

　　A.$\delta E_{\mathrm{p}}=0,\delta^2 E=0$　　　　　　　　　　B.$\delta E_{\mathrm{p}}=0,\delta^2 E_{\mathrm{p}}>0$

　　C.$\delta E_{\mathrm{p}}=0,\delta^2 E_{\mathrm{p}}<0$　　　　　　　　D.$\delta E_{\mathrm{p}}>0,\delta^2 E_{\mathrm{p}}>0$

【8】已知刚架各杆$EI=$常数,当只考虑弯曲变形,且各杆单元类型相同时,采用先处理法进行结点位移编号,其正确的编号是( )。

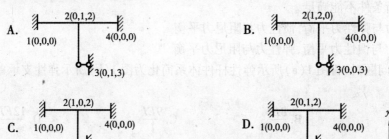

【9】如图4(a)所示梁,不计梁自重,其自振频率$\omega=\sqrt{768EI/(7ml^3)}$,如果在集中质量处增加一弹性支座,如图4(b)所示,则体系的自振频率$\omega=($)。

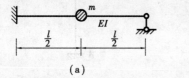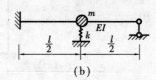

图4 题9图

A. $\sqrt{768EI/(7ml^3)} + \sqrt{k/m}$ 　　　　　　B. $\sqrt{768EI/(7ml^3)} - \sqrt{k/m}$

C. $\sqrt{768EI/(7ml^3) - k/m}$ 　　　　　　D. $\sqrt{768EI/(7ml^3) + k/m}$

【10】如图5所示等截面梁的截面极限弯矩是 $M_u = 120 \text{ kN·m}$,则梁的极限荷载是(　　)。

A. 120 kN 　　　　B. 100 kN 　　　　C. 80 kN 　　　　D. 40 kN

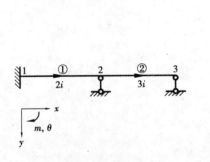

图5　题10图

二、填空题

【11】图6所示连续梁,不计轴向变形,则引入支承条件后的结构刚度矩阵 $\boldsymbol{K}$ 为_____。

【12】图7所示刚架,不考虑轴向变形,仅以转角为未知量,则引入支承条件前的结构刚度矩阵 $\boldsymbol{K}$ 为_____。

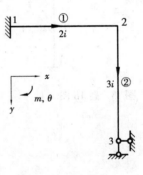

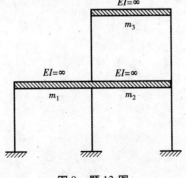

图6　题11图　　　　　　图7　题12图

【13】图8所示结构的振动自由度为_____。

【14】略去杆件自重及阻尼影响,图9所示结构的自振频率为_____。

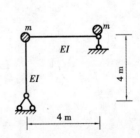

图8　题13图　　　　图9　题14图

【15】如图10所示, k 为弹簧刚度, k_r 为弹性转动刚度,则该完善体系的临界荷载为_____

_____。

【16】用能量法求图 11 所示体系的临界荷载 P_{cr} 为_____。

【17】图 12 所示等截面超静定梁的极限荷载为_____。

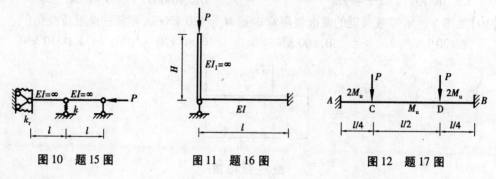

图 10　题 15 图　　　　图 11　题 16 图　　　　图 12　题 17 图

三、计算题

【18】如图 13 所示刚架,不考虑轴向变形,仅以转角为未知量,求引入支承条件前的结构刚度矩阵 K 中的各主元素。

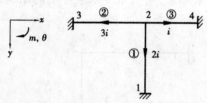

图 13　题 18 图

【19】用矩阵位移法计算如图 14 所示桁架,求各杆轴力,其中 $EA=$ 常数。(为了方便,设 $EA=1$)

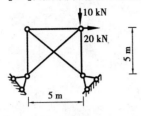

图 14 题 19 图

【20】求如图 15 所示单跨梁质点处的最大动位移和最大动弯矩。已知 $EI=2\times10^5$ kN·m²,
$\theta=20$ s⁻¹,$k=3\times10^5$ N/m,$P=10$ kN,$W=10$ kN。

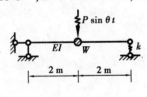

图 15 题 20 图

【21】试用能量法计算如图 16 所示轴压杆的临界荷载,设取等截面压杆失稳形式作为近似变形曲线。

图 16　题 21 图

【22】求图 17 所示刚架的极限荷载 P_u。

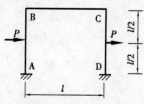

图 17　题 22 图

模拟试卷2

一、选择题

【1】矩阵位移法中,结构的原始刚度方程是表示下列两组量值之间的相互关系,即(　　　)之间的关系。

    A. 杆端力与结点位移　　　　　　　　　　B. 杆端力与结点力

    C. 结点力与结点位移　　　　　　　　　　D. 结点位移与杆端力

【2】不计阻尼影响时,下列说法中错误的是(　　　)。

    A. 自振周期与初位移、初速度无关

    B. 自由振动中,当质点位移最大时,质点速度为零

    C. 自由振动中,质点位移与惯性力同时达到最大值

    D. 自由振动的振幅与质量、刚度无关

【3】结构的极限荷载是指(　　　)。

    A. 结构形成破坏机构的荷载

    B. 结构形成最容易产生的破坏机构时的荷载

    C. 结构形成最难产生的破坏机构时的荷载

    D. 必须是结构中全部杆件形成破坏机构时的荷载

【4】如图1(a)、(b)所示两结构的稳定问题,说法正确的是(　　　)。

    A. 均是属于第一类稳定问题

    B. 均是属于第二类稳定问题

    C. 图(a)属于第一类稳定问题,图(b)属于第二类稳定问题

    D. 图(b)属于第一类稳定问题,图(a)属于第二类稳定问题

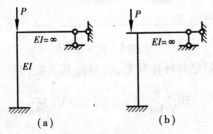

图1　题4图

【5】图 2 所示体系 EI = 常数,不计杆件分布质量,动力自由度相同的为(   )。

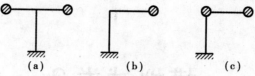

图 2　题 5 图

A. 全部相同

B.(a)和(b)相同

C.(b)和(c)相同

D.(a)和(c)相同

【6】图 3 所示等截面梁发生塑性极限破坏时,梁中最大弯矩发生在(   )。

A. 梁中点 a 处

B. 弹性阶段剪力等于 0 的 b 点处

C. a 与 b 之间的 c 点处

D. a 左侧的 d 点处

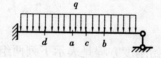

图 3　题 6 图

【7】单元 ij 在图 4 所示两种坐标系中的刚度矩阵相比(   )。

A. 完全相同

B. 第 2,3,5,6 行(列)等值异号

C. 第 2,5 行(列)等值异号

D. 第 3,6 行(列)等值异号

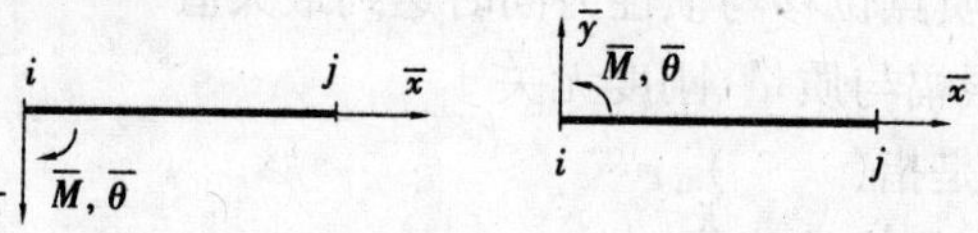

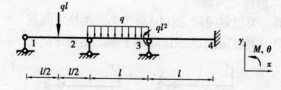

图 4　题 7 图

【8】用矩阵位移法解图 5 所示连续梁时,结点 3 的综合结点荷载是(   )。

A. $\left[\dfrac{-ql}{2} \quad \dfrac{13ql^2}{12}\right]^{\mathrm{T}}$

B. $\left[\dfrac{ql}{2} \quad \dfrac{-13ql^2}{12}\right]^{\mathrm{T}}$

C. $\left[\dfrac{-ql}{2} \quad \dfrac{-11ql^2}{12}\right]^{\mathrm{T}}$

D. $\left[\dfrac{ql}{2} \quad \dfrac{11ql^2}{12}\right]^{\mathrm{T}}$

图 5　题 8 图

【9】图 6 所示结构,不计阻尼与杆件质量,若要使其共振,θ 应等于(   )。

A. $\sqrt{\dfrac{2k}{3m}}$

B. $\sqrt{\dfrac{k}{3m}}$

C. $\sqrt{\dfrac{2k}{5m}}$

D. $\sqrt{\dfrac{k}{5m}}$

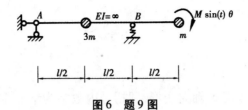

图6 题9图

【10】求解稳定问题时,将图7(a)所示弹性杆件体系,简化为图7(b)所示弹性支承单根压杆,则刚度系数 $k=(\quad)$

A. $\dfrac{3EI}{l^3}$

B. $\dfrac{12EI}{l^3}$

C. $\dfrac{3EI}{l^3}+\dfrac{EA}{l^3}$

D. $\dfrac{1}{l^3/3EI+l/EA}$

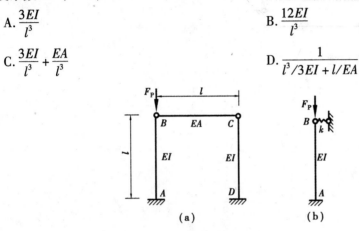

图7 题10图

二、填空题

【11】单元刚度矩阵中元素 k_{ij} 的物理意义是_____。

【12】直接刚度法中处理位移边界条件时有以下两种方案,即_____和_____,前一种的未知量数目比后一种未知量数目_____。

【13】在动力计算中,图8所示体系的动力自由度为_____。

【14】已求得图9所示结构在干扰力 $P(t)=P\sin\theta t$(其中 $P=10$ kN)作用下的动力系数为 $u=-10$,则体系的大动位移为_____。

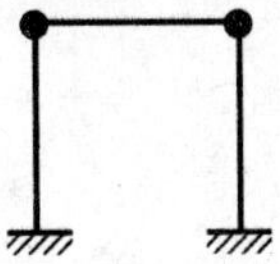

图8 题13图 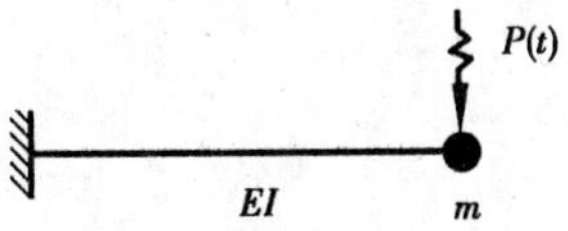   图9 题14图

【15】在单自由度的第一类稳定问题中,当体系的势能为_____时,结构处于稳定平衡状态;当体系的势能为_____时,结构处于不稳定平衡状态;当体系的势能为_____时,结构处于随遇平衡状态。

【16】结构稳定计算的能量是依据_____来求解的,假设的失稳曲线应该满足_____条件。

【17】结构处于极限状态下应满足_____、_____、

_____ 3 个条件。

三、计算题

【18】图 10 所示结构,不考虑轴向变形,圆括号内数字为结点定位向量,力和位移均按竖直、转动方向顺序排列。求结构刚度矩阵 K 中元素 K_{11}, K_{12}。

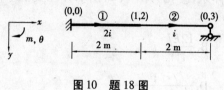

图 10　题 18 图

【19】试用矩阵位移法计算图 11 所示连续梁的内力。

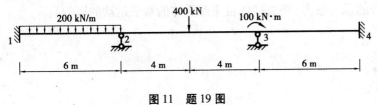

图 11　题 19 图

【20】图 12 所示桁架各杆 EA 相同,设振动荷载频率为桁架自振频率的 $1/4$,动荷载幅值 $P = 500\,\text{N}$,试求自振频率及各杆的动力轴力(略去杆件自重及质体的水平运动的影响)。

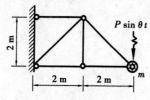

图 12 题 20 图

【21】试用静力法求图 13 所示结构在 3 种情况下的临界荷载。

(1) $EI_1 = \infty$,$EI_2 = $ 常数;

(2) $EI_2 = \infty$,$EI_1 = $ 常数;

(3) 在什么条件下,失稳形式既可能是(1)的形式,又可能是(2)的形式?

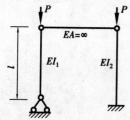

图 13 题 21 图

【22】求图 14 所示连续梁的极限荷载。

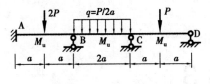

图 14 题 22 图

模拟试卷 3

一、选择题

【1】塑性截面模量 W_s 和弹性截面模量 W 的关系是(   )。

    A. $W_s = W$ B. $W_s > W$

    C. $W_s < W$ D. W_s 可能大于 W,也可能小于 W

【2】若图 1(a)、(b) 和 (c) 所示体系的自振周期分别为 T_a,T_b 和 T_c,则它们的关系为(   )。

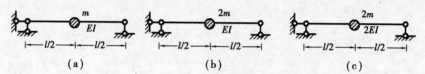

图 1　题 2 图

    A. $T_a > T_b > T_c$ B. $T_a > T_c > T_b$ C. $T_a < T_c < T_b$ D. $T_a = T_c < T_b$

【3】利用势能驻值原理计算临界荷载,是根据体系在临界状态时的特征为(   )。

    A. 势能有驻值   B. 满足平衡条件

    C. 平衡形式的二重性   D. 势能有最小值

【4】单元刚度矩阵中元素 k_{ij} 的物理意义是(   )。

    A. 当且仅当 $\delta_i = 1$ 时引起的与 δ_j 相应的杆端力

    B. 当且仅当 $\delta_j = 1$ 时引起的与 δ_i 相应的杆端力

    C. 当 $\delta_j = 1$ 时引起的与 δ_i 相应的杆端力

    D. 当 $\delta_i = 1$ 时引起的与 δ_j 相应的杆端力

【5】图 2 所示简支梁,质量分布集度为 $\overline{m}$,抗弯刚度为 EI,跨度为 l。基本振型为(   )。

    A. 图(a)   B. 图(b)   C. 图(c)   D. 图(d)

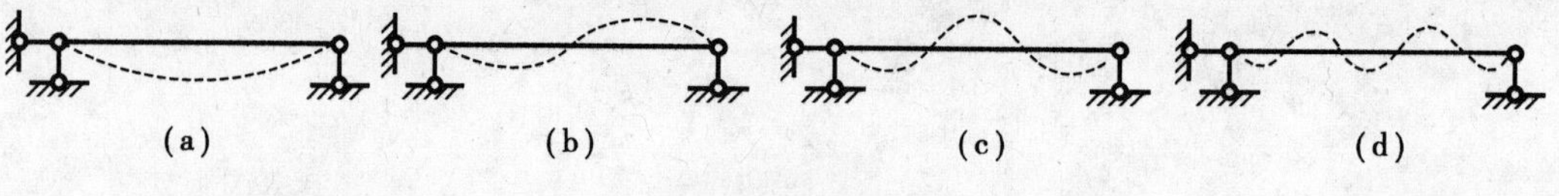

图 2　题 5 图

【6】若求题【5】中简支梁的基本频率,应选用的位移函数为(　　)。

A. $1 - \cos\dfrac{\pi}{2l}x$　　　　B. $\cos\dfrac{\pi}{l}x$　　　　C. $\sin\dfrac{\pi}{2l}x$　　　　D. $\sin\dfrac{\pi}{l}x$

【7】图3所示4种材料、同截面形式的单跨梁中,其极限荷载最大的是(　　)。

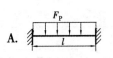 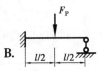

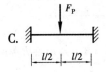 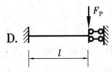

图3　题7图

【8】若不考虑轴向变形影响,用先处理法得图4所示刚架结构的刚度矩阵 $\boldsymbol{K}$,则该矩阵的阶数为(　　)。

A. 5×5　　　　B. 4×4　　　　C. 3×3　　　　D. 2×2

【9】图5所示刚架只考虑弯曲变形,括号中数字表示各结点位移编号,与节点位移 Δ_1 相对应的结构刚度矩阵中元素 K_{11} 的值为(　　)。

A. $12EI/l^3$　　　　B. $24EI/l^3$　　　　C. $48EI/l^3$　　　　D. $36EI/l^3$

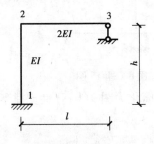 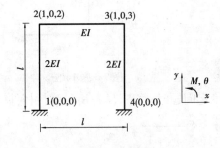

图4　题8图　　　　　　　图5　题9图

【10】下列失稳挠曲线微分方程有错的是(　　)。

A. $EIy'' = -F_P y + F_R(l - x)$

B. $EIy'' = -F_P y - F_R(l - x)$

C. $EIy'' = F_P y - F_P(l - x)$

D. $EIy'' = F_P y + F_P(l - x)$

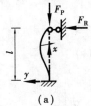 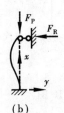 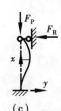 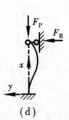

(a)　　　　(b)　　　　(c)　　　　(d)

图6　题10图

二、填空题

【11】若局部坐标系下的单元刚度矩阵$[k]^e$,坐标转换矩阵为$[T]$,那么整体坐标系下的单元刚度矩阵$[K]^e = $＿＿＿＿＿＿＿＿＿＿。

【12】矩阵位移法中,等效结点荷载的"等效原则"是＿＿＿＿＿＿＿＿＿＿＿＿＿＿＿
＿＿＿＿＿＿＿＿＿＿＿＿＿＿＿＿＿＿＿＿＿＿＿＿＿＿＿＿＿＿＿＿＿＿＿＿＿。

【13】单自由度体系因初位移0.5 cm而作小阻尼自由振动,测出一个周期后的位移为0.4 cm,则体系的阻尼比为＿＿＿＿＿＿＿＿＿＿,振动5个周期后的位移为＿＿＿＿＿＿＿＿＿ cm。

【14】设忽略直杆的轴向变形,图7所示体系的动力自由度为＿＿＿＿。

【15】图8所示在中性平衡状态下的变形曲线(图中虚线所示)为:$y = A\cos nx + B\sin nx + \delta$,已知弹性支撑动刚度系数为$k$,则其边界条件为:(a)＿＿＿＿＿＿＿＿,(b)＿＿＿＿＿＿＿＿,
(c)＿＿＿＿＿＿＿＿。

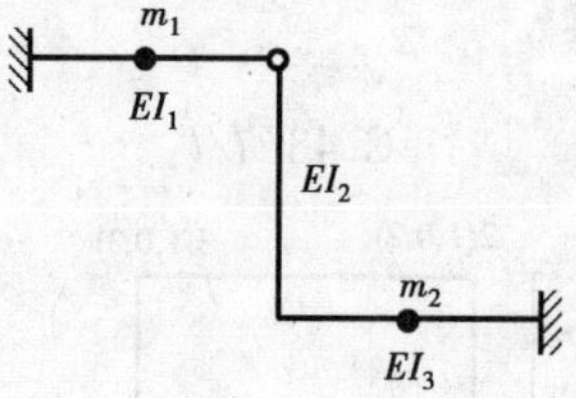

图7　题14图 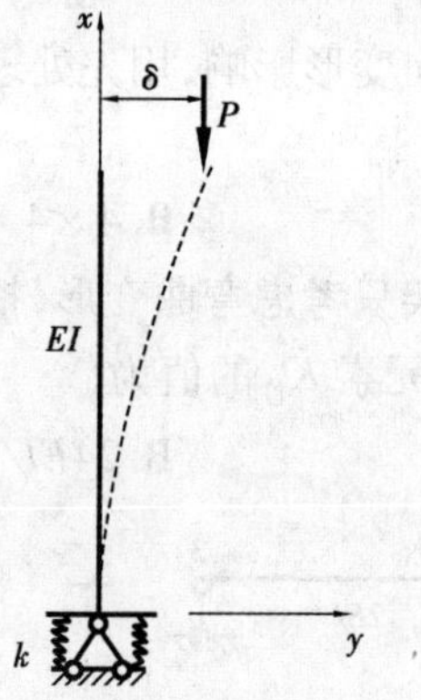　　　图8　题15图

【16】解稳定问题时,将图9(a)所示弹性杆件体系,简化为图9(b)弹性支撑半个杆件,其弹性支撑的刚度系数＿＿＿＿＿＿＿＿＿＿。

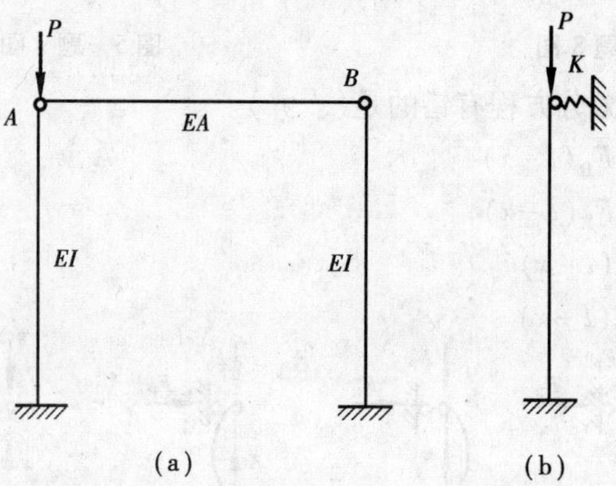

(a)　　　　　(b)

图9　题16图

【17】结构在极限状态下,极限荷载既是＿＿＿＿＿＿＿＿,又是＿＿＿＿＿＿＿＿。

三、计算题

【18】已知梁截面为矩形，截面尺寸为 $b \times h = 400 \text{ mm} \times 800 \text{ mm}$，屈服极限强度 $\sigma_s = 23.5$ kN/cm^2。试求图 10 所示静定多跨梁的极限荷载。

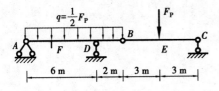

图 10　题 18 图

【19】设图 11 所示结构体系均由刚性杆件（$EI = \infty$）组成。E, D 为弹簧铰接连接，其抗转动刚度系数均为 k。求该体系的临界荷载。

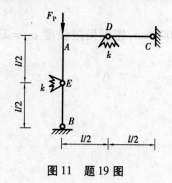

图 11　题 19 图

【20】试求图 12 所示刚架的自振频率。不计刚架的分布质量。

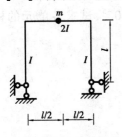

图 12 题 20 图

【21】※图 13 所示结构各杆截面尺寸 $b \times h = 0.25$ m $\times 0.5$ m,杆长 $l = 5$ m,$E = 3 \times 10^7$ kPa,已求得节点位移为:$u = [\, u_1 \quad v_1 \quad \theta_1 \,] = [1.793 \quad 4.660 \quad 11.884]^T \times 10^{-5}$,试求各单元的杆端力,并作内力图。

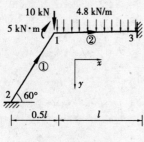

图 13　题 21 图

【22】※试求图 14 所示结构的自振频率并绘制振型图。不计阻尼和刚架的分布质量。

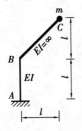

图 14　题 22 图

模拟试卷 4

一、选择题

【1】图 1 所示体系不计杆件分布质量,动力自由度相同的为(　　)。

　　A. 全部相同　　　　　　　　　　　　B. (a)和(b)相同

　　C. (b)和(c)相同　　　　　　　　　　D. (a)和(c)相同

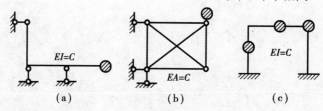

　　　　(a)　　　　　　　　(b)　　　　　　　　(c)

图 1　题 1 图

【2】用能量法求解所得的临界荷载值(　　)。

　　A. 总是等于其精确解　　　　　　　　B. 总是小于其精确解

　　C. 总是大于其精确解　　　　　　　　D. 总是大于或者等于其精确解

【3】对于简谐荷载作用情况,下面说法正确的是(　　)。

　　A. 动力系数一定大于 1

　　B. 计阻尼时的动力系数比不计阻尼的大

　　C. 动力系数等于振幅除以荷载幅值作为静荷载引起的静位移

　　D. 增大频比会使动力系数减小

【4】平面杆件结构用后处理法建立的原始刚度方程组(　　)。

　　A. 可求得全部结点位移　　　　　　　B. 可求得可动结点的位移

　　C. 可求得支座结点的位移　　　　　　D. 无法求得结点位移

【5】关于原荷载与对应的等效结点荷载等效的原则是:

　　(1)两者在基本体系上产生相同的节点约束力;

　　(2)两者产生相同的节点位移;

　　(3)两者产生相同的内力;

　　(4)两者产生相同的变形。

　　其中,正确的答案是(　　)。

A.（1）和（2）　　　　　　　　　　　　B.（1）和（3）

C.（2）和（4）　　　　　　　　　　　　D.（1）（2）（3）（4）

【6】如图2所示，已知材料的屈服极限 $\sigma_s = 24 \text{ kN/cm}^2$，则下列截面的极限弯矩 M_{u1}（矩形）、M_{u2}（工字形）、M_{u3}（环形）满足的关系是（　　　）

A.$M_{u1} > M_{u2} > M_{u3}$　　　　　　　B.$M_{u1} < M_{u2} < M_{u3}$

C.$M_{u1} > M_{u3} > M_{u2}$　　　　　　　D.$M_{u1} < M_{u3} < M_{u2}$

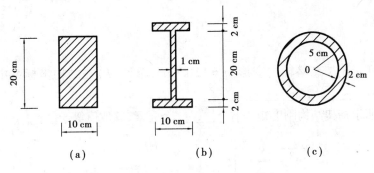

图2　题6图

【7】图3所示体系不计阻尼的稳态最大位移 $y_{max} = \dfrac{4Pl^3}{9EI}$，其最大动力弯矩为（　　　）。

A.$\dfrac{7Pl}{3}$　　　　　　B.$\dfrac{4Pl}{3}$　　　　　　C.$\dfrac{Pl}{3}$　　　　　　D.Pl

【8】如图4所示，各压杆之间的临界荷载满足关系（　　　）。

A.$F_{Pa} > F_{Pb} > F_{Pc}$　　　B.$F_{Pa} > F_{Pc} > F_{Pb}$　　　C.$F_{Pc} > F_{Pa} > F_{Pb}$　　　D.$F_{Pc} = F_{Pa} > F_{Pb}$

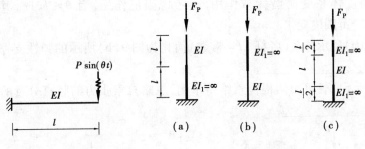

图3　题7图　　　　　　图4　题8图

【9】图5所示连续梁的极限荷载是（　　　）。

A.$\dfrac{3.2M_u}{d}$　　　　　　B.$\dfrac{12.8M_u}{d}$　　　　　　C.$\dfrac{13.6M_u}{d}$　　　　　　D.$\dfrac{14.4M_u}{d}$

【10】图6所示结构的结点荷载列阵为（　　　）。

A.$p = (-10 \quad 0 \quad 0 \quad 0 \quad -20 \quad 0)^T$

B.$p = (0 \quad 20 \quad 0 \quad 10 \quad 0 \quad 0)^T$

C.$p = (10 \quad 0 \quad 0 \quad 0 \quad 20 \quad 0)^T$

D.$p = (0 \quad 10 \quad 0 \quad 0 \quad 20 \quad 0)^T$

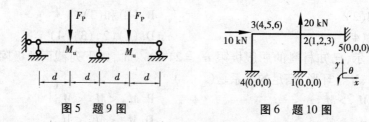

图 5　题 9 图　　　　　图 6　题 10 图

二、填空题

【11】图 7 所示刚架忽略轴向变形，$q = 12$ kN/m，单元（1）在结构坐标系中的固端力列阵 $\{F_0\}^{(1)}$ 为 _____。

【12】图 8 所示桁架结构刚度矩阵有 _____ 个元素，其数值等于 _____。

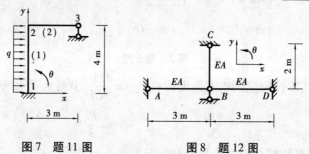

图 7　题 11 图　　　　　图 8　题 12 图

【13】若要减小结构的自振频率，可增大结构上的 _____ 或减小 _____。

【14】单自由度体系受简谐荷载作用，不考虑阻尼作用，当 $\theta \leqslant \omega$ 时，其动力系数 μ 在 _____ 范围内变化。

【15】将图 9(a) 所示体系（各杆 EI = 常数）简化为图 9(b) 所示的弹性支撑压杆，则弹簧支撑的刚度系数为 _____。

【16】图 10 所示刚性杆由两根拉索维持平衡，忽略拉索张力的竖直分量的作用，则体系的临界荷载为 _____。

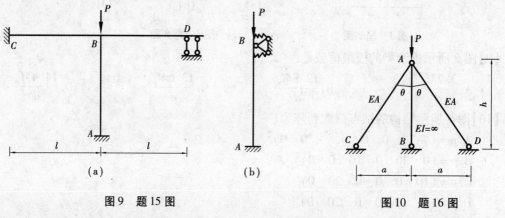

图 9　题 15 图　　　　　图 10　题 16 图

【17】在结构极限荷载的分析中，上限定理（或极小定理）是指 _____
_____。下限定理（或极大定理）是指 _____ _____。

三、计算题

【18】用先处理法写出图 11 所示连续梁的整体刚度矩阵 K。

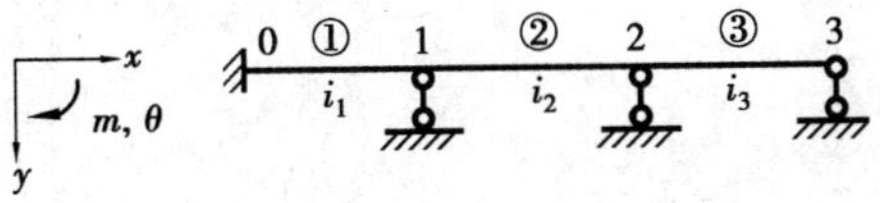

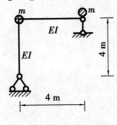

图 11　题 18 图

【19】求图 12 所示结构的自振频率,略去杆件自重及阻尼影响。

图 12　题 19 图

【20】试求图 13 所示刚架侧移振动时的自振频率和周期。横梁的刚度可视为无穷大,重力为 $W=200$ kN(柱子的部分重力已集中到横梁处,不需另加考虑),$g=9.81$ m/s^2,柱的 $EI=5 \times 10^4$ kN·m^2。

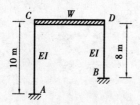

图 13　题 20 图

【21】求图 14 所示结构的临界荷载。

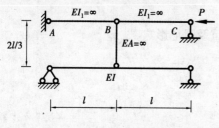

图 14　题 21 图

【22】※求图 15 所示连续梁的极限荷载,已知截面的极限弯矩为 M_u。

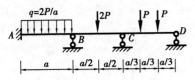

图15 题22图

参考答案

第8章 矩阵位移法

一、选择题

【8.1】B 　【8.2】A 　【8.3】B 　【8.4】D 　【8.5】D

【8.6】A 　【8.7】D 　【8.8】C 　【8.9】D 　【8.10】B

【8.11】C 　【8.12】A 　【8.13】B 　【8.14】C 　【8.15】B

二、填空题

【8.16】单元;整体

【8.17】形成单元刚度矩阵以建立单元刚度方程;由单元刚度矩阵集成整体(或结构)刚度
　　　矩阵,建立结构矩阵位移法的基本方程

【8.18】第 j 个杆端;第 i 个杆端力分量

【8.19】第 i 个杆端位移分量;6 个杆端力分量

【8.20】正交;$[T]^{\mathrm{T}}$

【8.21】单元的第 i 个杆端位移分量的结点位移总码

【8.22】$[\bar{K}]^{(e)}\{\bar{\Delta}\} + [\bar{F}_{\mathrm{P}}]^{(e)}$

【8.23】$\dfrac{2EI}{l};\dfrac{2EI}{l}$

【8.24】单元杆端力;单元杆端位移

【8.25】2 kN·m

三、判断题

【8.26】√ 　【8.27】√ 　【8.28】× 　【8.29】√ 　【8.30】√

【8.31】× 　【8.32】× 　【8.33】× 　【8.34】√ 　【8.35】×

【8.36】√ 　【8.37】× 　【8.38】× 　【8.39】× 　【8.40】×

四、计算题

【8.41】$K_{22} = 36i/l^2 + k$，$k = EA/l$，$K_{33} = 12i$，$i = EI/l$，$K_{13} = 4i$

【8.42】$K_{11} = 288EI/l^3$，$K_{88} = 20EI/l$

【8.43】$[K] = 10^4 \times \begin{bmatrix} 612 & 0 & 30 \\ 0 & 324 & 0 \\ 30 & 0 & 300 \end{bmatrix}$

【8.44】结点转角：$\begin{pmatrix} \theta_1 \\ \theta_2 \end{pmatrix} = \begin{bmatrix} \dfrac{50}{7i_1} \\ -\dfrac{25}{7i_1} \end{bmatrix}$；杆端弯矩：$\begin{pmatrix} \overline{M}_1 \\ \overline{M}_2 \end{pmatrix}^{①} = \begin{bmatrix} 14.29 \\ 28.57 \end{bmatrix} \text{kN·m}$，$\begin{pmatrix} \overline{M}_1 \\ \overline{M}_2 \end{pmatrix}^{②} = \begin{bmatrix} 21.43 \\ 0 \end{bmatrix} \text{kN·m}$

【8.45】结点转角：$\begin{pmatrix} \theta_1 \\ \theta_2 \end{pmatrix} = \begin{bmatrix} \dfrac{45}{7i_1} \\ -\dfrac{75}{7i_1} \end{bmatrix}$；杆端弯矩：$\begin{pmatrix} \overline{M}_1 \\ \overline{M}_2 \end{pmatrix}^{①} = \begin{bmatrix} 12.86 \\ 25.71 \end{bmatrix} \text{kN·m}$，$\begin{pmatrix} \overline{M}_1 \\ \overline{M}_2 \end{pmatrix}^{②} = \begin{bmatrix} -25.71 \\ 0 \end{bmatrix} \text{kN·m}$

【8.46】$M_{AB} = -8.89 \text{ kN·m}$，$M_{BA} = 2.22 \text{ kN·m}$

【8.47】$K = \begin{bmatrix} 36i/l^2 & -6i/l & 6i/l \\ 对 & 12i & 2i \\ 称 & & 4i \end{bmatrix}$，式中：$i = \dfrac{EI}{l}$

【8.48】$K = \left[\dfrac{36EI}{l^3} \right]$

【8.49】$K = \begin{pmatrix} 612 & 0 & -30 \\ 0 & 324 & 0 \\ -30 & 0 & 300 \end{pmatrix}$

【8.50】$\overline{F}^{①} = \begin{pmatrix} 0.493 \\ -13.45 \\ -12.79 \\ \vdots \\ -0.493 \\ -10.55 \\ 5.54 \end{pmatrix}$，$\overline{F}^{②} = \begin{pmatrix} -0.492 \\ -0.561 \\ -12.79 \\ \vdots \\ 0.492 \\ 0.561 \\ -0.564 \end{pmatrix}$

【8.51】$M_{21} = -0.149 \, 1F_P l$，$F_{Q21} = 0.298 \, 2F_P$，$M_{41} = -0.052 \, 7F_P l$，$F_{Q41} = 0.074 \, 6F_P$

【8.52】$M_{12} = -52.36 \text{ kN·m}$，$F_{Q12} = 15 \text{ kN}$，$M_{21} = -37.70 \text{ kN·m}$，$F_{Q21} = 15 \text{ kN}$

【8.53】$\{P\} = \left[0, 0, -\dfrac{P}{2}, -\dfrac{ql}{2}, \dfrac{ql^2}{12} + \dfrac{Pl}{8} \right]^{\mathrm{T}}$

【8.54】

$$\{P\} = \begin{Bmatrix} -3 \text{ kN} \\ -8 \text{ kN} \\ -17 \text{ kN} \cdot \text{m} \\ 0 \end{Bmatrix}$$

【8.55】 $\{P\} = \begin{bmatrix} 6 & -22 & -14 & 5 & -12 & 18 \end{bmatrix}^T$

【8.56】 $P_4 = ql/2, P_5 = -ql/2, P_6 = ql^2/12$

【8.57】 按单元顺序 $F_N^T = (0.326F_P \quad 1.327F_P \quad 0 \quad -0.673F_P \quad -0.462F_P \quad 0.925F_P)$, 撤去任一水平支杆, 刚度矩阵变为奇异矩阵, 无法求解

【8.58】 $\overline{F}_2 = 0.233\ 6$ kN

【8.59】 $F_3 = 0.333$ kN·m, $F_6 = -0.333$ kN·m

【8.60】 $M_2^{②} = -89.25$ kN

【8.61】 $\{\overline{F}\}^{①} = \begin{Bmatrix} 11.100\ 6 \text{ kN} \\ 10.130\ 2 \text{ kN} \\ -4.038\ 5 \text{ kN} \cdot \text{m} \\ -11.100\ 6 \text{ kN} \\ 13.869\ 8 \text{ kN} \\ 13.387\ 3 \text{ kN} \cdot \text{m} \end{Bmatrix}$

【8.62】 $R_B = 0.678\ 57ql(\uparrow)$

【8.63】 $\{\overline{F}\}^{①} = \begin{bmatrix} -85.581 \text{ kN} & 85.581 \text{ kN} \end{bmatrix}^T$

【8.64】 $\overline{\boldsymbol{\delta}}_1 = \begin{pmatrix} 0 \\ 0 \\ 0.095\ 24 \text{ m} \\ 0.256\ 89 \text{ m} \end{pmatrix}, \overline{\boldsymbol{F}}^{(1)} = \begin{pmatrix} \dfrac{EA}{l} & 0 & -\dfrac{EA}{l} & 0 \\ 0 & 0 & 0 & 0 \\ -\dfrac{EA}{l} & 0 & \dfrac{EA}{l} & 0 \\ 0 & 0 & 0 & 0 \end{pmatrix} \begin{pmatrix} 0 \\ 0 \\ 0.095\ 24 \\ 0.256\ 89 \end{pmatrix} = \begin{pmatrix} -5 \text{ kN} \\ 0 \\ 5 \text{ kN} \\ 0 \end{pmatrix}$

【8.65】 $F_N^T = (0.5F_P \quad 0.433F_P \quad 0.25F_P)$

第9章 结构动力计算基础

一、选择题

【9.1】A　【9.2】C　【9.3】B　【9.4】A　【9.5】C

【9.6】D　【9.7】D　【9.8】C　【9.9】C　【9.10】B

【9.11】B　【9.12】A　【9.13】A　【9.14】A　【9.15】B

【9.16】C　【9.17】D　【9.18】B　【9.19】A　【9.20】B

【9.21】D　【9.22】B

二、填空题

【9.23】3　　　　　　　　　【9.24】2　　　　　　　　　【9.25】无穷个;1 个

【9.26】$\sqrt{\dfrac{3EI}{ml^3}}$　　　　　　【9.27】(a);(c)　　　　　　　【9.28】减小;增大

【9.29】$\omega_a > \omega_b > \omega_c$　　　【9.30】柔度;刚度　　　　　　【9.31】0.102 5

【9.32】0.125　　　　　　　【9.33】$\dfrac{3F_0 l}{4}$　　　　　　　　【9.34】ωy_0

【9.35】$\dfrac{1}{1.52}$;$\dfrac{1}{1.52}$　　　　【9.36】$\begin{bmatrix} 2m_1 & 0 \\ 0 & m_1 \end{bmatrix}$

三、判断题

【9.37】√　　【9.38】×　　【9.39】×　　【9.40】×　　【9.41】×

【9.42】√　　【9.43】√　　【9.44】×　　【9.45】×　　【9.46】√

【9.47】√　　【9.48】√　　【9.49】×　　【9.50】√　　【9.51】×

【9.52】√　　【9.53】√

四、计算题

【9.54】$\delta_{11} = 3l^3/48EI$;$\omega^2 = 16EI/(ml^3)$　　【9.55】$\omega = \sqrt{\dfrac{24EI}{11ml^3}} = 1.477\sqrt{\dfrac{EI}{ml^3}}$

【9.56】$\omega = \sqrt{\dfrac{15EI}{mh^3}}$　　　　　　　　　　　【9.57】$\omega = \sqrt{\dfrac{48EI}{7ml^3}}$

【9.58】$\sqrt{\dfrac{3EI}{mh^2 l}}$　　　　　　　　　　　　　【9.59】$\omega = \sqrt{\dfrac{EA}{(3 + 2\sqrt{2})d}}$

【9.60】$\omega = \sqrt{\dfrac{2k}{5m}}$

【9.61】$m\ddot{y}(t) + \dfrac{6EI}{h^3}y(t) = P(t)$

【9.62】$\begin{cases} m_1\ddot{y}_1(t) + \dfrac{39EI}{h^3}y_1(t) - \dfrac{15EI}{h^3}y_2(t) = \dfrac{9h}{8}q(t) \\ m_2\ddot{y}_2(t) - \dfrac{15EI}{h^3}y_1(t) + \dfrac{123EI}{8h^3}y_2(t) = \dfrac{3h}{8}q(t) \end{cases}$

【9.63】$\omega_1 = \sqrt{\dfrac{24EI}{ma^3}}, \omega_2 = \sqrt{\dfrac{384EI}{5ma^3}}, \dfrac{Y_{11}}{Y_{21}} = \dfrac{1}{1}, \dfrac{Y_{12}}{Y_{22}} = \dfrac{1}{-1}$

【9.64】$\omega_1 = 5.625\sqrt{\dfrac{EI}{ml^3}}, \omega_2 = 22.593\sqrt{\dfrac{EI}{ml^3}}, \dfrac{Y_{11}}{Y_{21}} = \dfrac{-6.243\,5}{1}, \dfrac{Y_{12}}{Y_{22}} = \dfrac{0.160\,2}{1}$。经验算, 满足正交性

【9.65】$\omega_1 = 1.548\ \text{rad/s}, \omega_2 = 7.912\ \text{rad/s}, \dfrac{Y_{11}}{Y_{21}} = 0.041\,6, \dfrac{Y_{12}}{Y_{22}} = -24.016$

【9.66】$\omega_1 = 3.094\,3\sqrt{\dfrac{EI}{ma^3}}, \omega_2 = 5.077\,7\sqrt{\dfrac{EI}{ma^3}}, \dfrac{Y_{11}}{Y_{21}} = \dfrac{1}{0.188}, \dfrac{Y_{12}}{Y_{22}} = -\dfrac{1}{10.617}$

【9.67】$y_{\max} = 0.003\,3\ \text{m}, M_{d\max} = 51.6\ \text{kN·m}$

【9.68】$M_{d\max} = \dfrac{F_P l}{3}$

【9.69】动位移幅值 $y_{\max} = \dfrac{5l^3 F_P}{36EI}$, 动弯矩幅值 $M_{d\max} = \dfrac{17}{12}F_P l$

【9.70】弯矩幅值图:

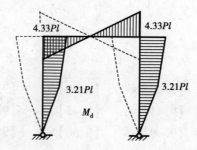

【9.71】$y_{\max} = \dfrac{3qa^2l^2}{64EI}, M_{d\,\max} = \dfrac{7qa^2}{16}$)

【9.72】无阻尼时: $y_{\max} = 0.575\ \text{cm}, M_{d\max} = 31.04\ \text{kN·m}$;

有阻尼时: $y_{\max} = 0.573\ \text{cm}, M_{d\max} = 30.92\ \text{kN·m}$

第 10 章　结构的稳定计算

一、选择题

【10.1】C　　【10.2】D　　【10.3】B　　【10.4】D　　【10.5】C
【10.6】D　　【10.7】A　　【10.8】B　　【10.9】A　　【10.10】B

二、填空题

【10.11】$P_{cr} = \dfrac{\pi^2 EI}{l^2}$

【10.12】$k_{11} Z_1 + R_{1P} = 0$；节点 B 的转角；$k_{11} Z_1 = 0$；不同

【10.13】$\cos(nl) = \theta$；$P_{cr} = \dfrac{\pi^2 EI}{4l^2}$ 　　　　　　【10.14】$\dfrac{8EI}{l^2}$

【10.15】$\dfrac{8\pi^2 EI}{3l^2}$ 　　【10.16】$P_{C1} > P_{C2}$ 　　　　【10.17】(c) (d)

【10.18】2 　　　　　【10.19】$\dfrac{1}{\left(\dfrac{3EI}{l^3} + \dfrac{EA}{l}\right)}$ 　　【10.20】$EIy'' = -Py + k\delta x$

三、计算题

【10.21】$P_{cr} = \dfrac{kl}{2}$ 　　　　　【10.22】$P_{cr} = 0.38 \dfrac{k}{l}$ 　　　　【10.23】$F_{Pcr} = \dfrac{kl}{3}$

【10.24】$k = \dfrac{2EI}{l}$ 　　　　　【10.25】$P_{1cr} = 0.586kl, P_{2cr} = 3.414kl$

【10.26】$P_{cr} = \dfrac{6EI}{l^2}$ 　　　　【10.27】$\dfrac{\pi^2 EI}{l^2} = kl, k_{min} = \dfrac{\pi^2 EI}{l^3}$

【10.28】$P_{cr} = \dfrac{\pi^2 EI}{3h^2}$ 　　　【10.29】$l_0 = \dfrac{\pi}{1.58} l = 1.987 l$

【10.30】$P_{cr} = \dfrac{4EI}{lH}$ 　　　　【10.31】$P_{cr} = \left(\dfrac{u}{\lambda}\right)_{min} = \dfrac{2\pi^2 EI}{l^2}$ 　　【10.32】$P_{cr} = \dfrac{42EI}{l^2}$

【10.33】$\alpha \cos \alpha l = 0$；$P_{cr} = \dfrac{\pi^2 EI}{l^2}$ 　　【10.34】$P_{1cr} = 2kl, P_{2cr} = 8kl$

【10.35】$P_{cr} = \dfrac{EI}{6}$ 　　　　　【10.36】$P_{cr} = 1.3614 \dfrac{EI}{l^2}$ 　　　　【10.37】$\tan nl = nl - \dfrac{(nl)^3}{25}$

【10.38】$\tan nl - \dfrac{2}{nl} = 0$ 　　　【10.39】$\dfrac{\alpha_4^2}{\alpha_1^2} - \dfrac{\alpha_1^2 l + \alpha_4^2 l_1}{\alpha_1 \tan \alpha_1 l_1} = \dfrac{\alpha_2^2}{\alpha_3^2} + \dfrac{\alpha_3^2 l_1 - \alpha_2^2 l_2}{\alpha_3 \tan \alpha_3 l_2}$

【10.40】$P_{cr} = \dfrac{80.75EI}{l^2} \approx \dfrac{\pi^2 EI}{(0.35l)^2}$ 　　【10.41】$q_{cr} = \dfrac{216EI}{11l^3} = \dfrac{19.64EI}{l^3}$

第 11 章　结构的极限荷载

一、选择题

【11.1】D　　【11.2】D　　【11.3】B　　【11.4】C　　【11.5】A

【11.6】D　　【11.7】C　　【11.8】B　　【11.9】A　　【11.10】B

二、填空题

【11.11】塑性铰造成破坏时,体系为机构,其余部分只作刚体运动(变形微小,可忽略),内
　　　　　虚功为0。

【11.12】20 kN·m　　　　【11.13】33.75 kN·m　　　　【11.14】M_u/a

【11.15】BC　　　　　　【11.16】截面形状及尺寸　　【11.17】$W_u > W$

【11.18】等分截面轴　　　【11.19】唯一性定理　　　　【11.20】c

三、计算题

【11.21】$q_u = 11.92$ kN/m(第一个塑性铰在 A 端,第二个塑性铰在离 A 端4.69 m 处)

【11.22】$q_u = 25.54$ kN/m(塑性铰在 B 处和距 A 点3.31 m 处)

【11.23】$P_u = 0.75\sigma_y \dfrac{bh^2}{l}$

【11.24】$P_u = \dfrac{15M_u}{2l}$;

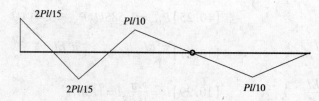

【11.25】略

【11.26】$P_u = \dfrac{6M_u}{l}$

【11.27】对称性取半结构,$P_u = \dfrac{12M_u}{l}$

【11.28】$P_u = 32.7$ kN,作用在 C 点

【11.29】在截面 B 和 D 处出现塑性铰时,$P_u = \dfrac{3M_u}{a}$;

　　　　当 A、D 处出现塑性铰时,$P_u = \dfrac{1}{2a}(M_u' + 3M_u)$

【11.30】$q_u = \dfrac{4M_u}{H^2}$

【11.31】$P_u = \dfrac{4M_u}{l}$

【11.32】$P_u = \dfrac{8}{9}M_u$

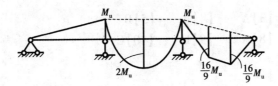

【11.33】$q_u = \dfrac{228M_u}{1\ 225a^2},\ M_u = \dfrac{1\ 225qa^2}{288}$

模拟试卷 1

一、选择题

【1】C　　【2】B　　【3】A　　【4】B　　【5】B

【6】D　　【7】B　　【8】A　　【9】D　　【10】C

二、填空题

【11】$K = \begin{bmatrix} 20i & 6i \\ 6i & 12i \end{bmatrix}$　　【12】$K = \begin{bmatrix} 8i & 4i & 0 \\ 4i & 20i & 6i \\ 0 & 6i & 12i \end{bmatrix}$　　【13】2

【14】$\omega = \sqrt{\dfrac{3EI}{256m}}$　　　　【15】$P_{cr} = \dfrac{1}{2}\left(kl + \dfrac{k_r}{l}\right)$　　　【16】$P_{cr} = \dfrac{4EI}{lH}$

【17】$P_u = \dfrac{12M_u}{l}$

三、计算题

【18】解：单元刚度矩阵：

$$K^{①} = \begin{bmatrix} k_{11}^{①} & k_{12}^{①} \\ k_{21}^{①} & k_{22}^{①} \end{bmatrix} = \begin{bmatrix} 8i & 4i \\ 4i & 8i \end{bmatrix},\quad K^{②} = \begin{bmatrix} k_{22}^{②} & k_{23}^{②} \\ k_{32}^{②} & k_{33}^{②} \end{bmatrix} = \begin{bmatrix} 12i & 6i \\ 6i & 12i \end{bmatrix}$$

$$K^{③} = \begin{bmatrix} k_{22}^{③} & k_{24}^{③} \\ k_{42}^{③} & k_{44}^{③} \end{bmatrix} = \begin{bmatrix} 4i & 2i \\ 2i & 4i \end{bmatrix}$$

引入支承条件前的结构刚度矩阵：

$$K = \begin{bmatrix} k_{11}^{①} & k_{12}^{①} & 0 & 0 \\ k_{21}^{①} & k_{22}^{①}+k_{22}^{②}+k_{22}^{③} & k_{23}^{②} & k_{24}^{③} \\ 0 & k_{32}^{②} & k_{33}^{②} & 0 \\ 0 & k_{42}^{③} & 0 & k_{44}^{③} \end{bmatrix} = \begin{bmatrix} 8i & 4i & 0 & 0 \\ 4i & 8i+12i+4i & 6i & 2i \\ 0 & 6i & 12i & 0 \\ 0 & 2i & 0 & 4i \end{bmatrix}$$

引入支承条件前的结构刚度矩阵 K 中的各主元素：

$$K_{11} = 8i,\ K_{22} = 24i,\ K_{33} = 12i,\ K_{44} = 4i$$

【19】解：（1）整体编码

单元、结点、结点位移及单元局部坐标系，如图 1 所示。

（2）计算单元刚度矩阵

①局部坐标系下的单元刚度矩阵

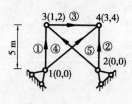

图 1

$$\overline{\boldsymbol{k}}^{①} = \overline{\boldsymbol{k}}^{②} = \overline{\boldsymbol{k}}^{③} = \begin{pmatrix} 0.2 & -0.2 \\ -0.2 & 0.2 \end{pmatrix}$$

$$\overline{\boldsymbol{k}}^{④} = \overline{\boldsymbol{k}}^{⑤} = \begin{pmatrix} 0.141\ 4 & -0.141\ 4 \\ -0.141\ 4 & 0.141\ 4 \end{pmatrix}$$

②整体坐标系下的单元刚度矩阵

单元①、②:$\alpha = 90°$,$\sin \alpha = 1$,$\cos \alpha = 0$

$$\boldsymbol{k}^{①} = \boldsymbol{k}^{②} = \begin{bmatrix} 0 & 0 & 0 & 0 \\ 0 & 0.2 & 0 & -0.2 \\ 0 & 0 & 0 & 0 \\ 0 & -0.2 & 0 & 0.2 \end{bmatrix}$$

单元③:$\alpha = 0°$,$\sin \alpha = 0$,$\cos \alpha = 1$

$$\boldsymbol{k}^{③} = \begin{bmatrix} 0.2 & 0 & -0.2 & 0 \\ 0 & 0 & 0 & 0 \\ -0.2 & 0 & 0.2 & 0 \\ 0 & 0 & 0 & 0 \end{bmatrix}$$

单元④:$\alpha = 45°$,$\sin \alpha = 0.707$,$\cos \alpha = 0.707$

$$\boldsymbol{k}^{④} = \begin{bmatrix} 0.071 & 0.071 & -0.071 & -0.071 \\ 0.071 & 0.071 & -0.071 & -0.071 \\ -0.071 & -0.071 & 0.071 & 0.071 \\ -0.071 & -0.071 & 0.071 & 0.071 \end{bmatrix}$$

单元⑤:$\alpha = 135°$,$\sin \alpha = 0.707$,$\cos \alpha = -0.707$

$$\boldsymbol{k}^{⑤} = \begin{bmatrix} 0.071 & -0.071 & -0.071 & 0.071 \\ -0.071 & 0.071 & 0.071 & -0.071 \\ -0.071 & 0.071 & 0.071 & -0.071 \\ 0.071 & -0.071 & -0.071 & 0.071 \end{bmatrix}$$

(3)集成结构刚度矩阵

各单元定位向量为:

$$单元①:(0 \quad 0 \quad 1 \quad 2)^{\mathrm{T}},单元②:(0 \quad 0 \quad 3 \quad 4)^{\mathrm{T}}$$
$$单元③:(1 \quad 2 \quad 3 \quad 4)^{\mathrm{T}},单元④:(0 \quad 0 \quad 3 \quad 4)^{\mathrm{T}}$$
$$单元⑤:(0 \quad 0 \quad 1 \quad 2)^{\mathrm{T}}$$

将各单元整体坐标系下的单元刚度矩阵中的元素,按单元定位向量表示的行码和列码关系加入结构整体刚度矩阵中,得

$$\boldsymbol{K} = \begin{bmatrix} k_{33}^{①} + k_{11}^{③} + k_{33}^{⑤} & k_{34}^{①} + k_{12}^{③} + k_{34}^{⑤} & k_{13}^{③} & k_{14}^{③} \\ k_{43}^{①} + k_{21}^{③} + k_{43}^{⑤} & k_{44}^{①} + k_{22}^{③} + k_{44}^{⑤} & k_{23}^{③} & k_{24}^{③} \\ k_{31}^{③} & k_{32}^{③} & k_{33}^{②} + k_{33}^{③} + k_{33}^{④} & k_{34}^{②} + k_{34}^{③} + k_{34}^{④} \\ k_{41}^{③} & k_{42}^{③} & k_{43}^{②} + k_{43}^{③} + k_{43}^{④} & k_{44}^{②} + k_{44}^{③} + k_{44}^{④} \end{bmatrix}$$

$$= \begin{bmatrix} 0.271 & -0.071 & -0.2 & 0 \\ -0.071 & 0.271 & 0 & 0 \\ -0.2 & 0 & 0.271 & 0.071 \\ 0 & 0 & 0.071 & 0.271 \end{bmatrix}$$

（4）形成结构结点荷载向量

$$P = (0 \quad 0 \quad 1 \quad 2)^T$$

（5）方程求解

$$\begin{bmatrix} 0.271 & -0.071 & -0.2 & 0 \\ -0.071 & 0.271 & 0 & 0 \\ -0.2 & 0 & 0.271 & 0.071 \\ 0 & 0 & 0.071 & 0.271 \end{bmatrix} \begin{bmatrix} \delta_1 \\ \delta_2 \\ \delta_3 \\ \delta_4 \end{bmatrix} = \begin{bmatrix} 0 \\ 0 \\ 20 \\ -10 \end{bmatrix}$$

解方程,得 $\delta = (191.42 \quad 50.00 \quad 241.42 \quad -100.00)^T$

（6）计算单元轴力

单元①

$$\delta^{①} = (0 \quad 0 \quad 191.42 \quad 50.00)^T$$

$$\overline{F}^{①} = \overline{k}^{①} T^{①} \delta^{①} = \begin{pmatrix} -10 \\ 10 \end{pmatrix}$$

单元②

$$\delta^{②} = (0 \quad 0 \quad 241.42 \quad -100.00)^T$$

$$\overline{F}^{②} = \overline{k}^{②} T^{②} \delta^{②} = \begin{pmatrix} 20 \\ -20 \end{pmatrix}$$

单元③

$$\delta^{③} = (191.42 \quad 50.00 \quad 241.42 \quad -100.00)^T$$

$$\overline{F}^{③} = \overline{k}^{③} T^{③} \delta^{③} = \begin{pmatrix} -10 \\ 10 \end{pmatrix}$$

单元④

$$\delta^{④} = (0 \quad 0 \quad 241.42 \quad -100.00)^T$$

$$\overline{F}^{④} = \overline{k}^{④} T^{④} \delta^{④} = \begin{pmatrix} -14.4 \\ 14.4 \end{pmatrix}$$

单元⑤

$$\delta^{⑤} = (0 \quad 0 \quad 191.42 \quad 50.00)^T$$

$$\overline{F}^{⑤} = \overline{k}^{⑤} T^{⑤} \delta^{⑤} = \begin{pmatrix} 14.4 \\ -14.4 \end{pmatrix}$$

各单元的轴力为:

$$F_N^{①} = 10 \text{ kN}, F_N^{②} = -20 \text{ kN}, F_N^{③} = 10 \text{ kN}, F_N^{④} = -14.4 \text{ kN}, F_N^{⑤} = -14.4 \text{ kN}$$

注意,单元杆端力是以方向与坐标系正向相同为正,而轴力是以拉力为正的。

【20】解:(1)求自振频率 ω

由图2可得:

图 2

$$\delta_{11} = \frac{l^3}{48EI} + \frac{1}{2} \times \frac{1}{2k} = \frac{64}{48 \times 2 \times 10^5 \times 10^3} + \frac{1}{4 \times 3 \times 10^5} = 84 \times 10^{-8} (\text{m/N})$$

$$m = \frac{W}{g} = \frac{10 \times 10^3}{9.81} = 1.0194 \times 10^3 (\text{kg})$$

$$\omega = \sqrt{\frac{1}{m\delta_{11}}} = \sqrt{\frac{1}{1.0194 \times 10^3 \times 84 \times 10^{-8}}} = 34.17(1/\text{s})$$

（2）求动位移幅值 $A_{\text{动max}}$

$$\mu = \frac{1}{1 - \dfrac{\theta^2}{\omega^2}} = \frac{1}{1 - (\dfrac{20}{34.17})^2} = 1.521$$

$$A_{\text{动max}} = \mu P \delta_{11} = 1.521 \times 10 \times 10^3 \times 84 \times 10^{-8} = 0.0128(\text{m})$$

（3）求最大动弯矩图

最大动弯矩图如图 3 所示。

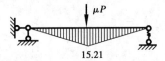

图 3

【21】解：选取在杆件顶端作用横向力 H 时的挠曲线 $y(x)$ 为近似变形曲线，即

$$y(x) = H\left(\frac{lx^2}{2} - \frac{x^3}{6}\right)$$

则有

$$y' = H\left(lx - \frac{x^2}{2}\right), \quad y'' = H(l - x)$$

$$\int_0^{\frac{2l}{3}} 4EI(y'')^2 \mathrm{d}x + \int_{\frac{2l}{3}}^{l} EI(y'')^2 \mathrm{d}x$$

$$= 4EIH^2 \int_0^{\frac{2l}{3}} (l - x)^2 \mathrm{d}x + EIH^2 \int_{\frac{2l}{3}}^{l} (l - x)^2 \mathrm{d}x = \frac{105EIH^2 l^3}{81}$$

$$\int_0^l (y')^2 \mathrm{d}x = \int_0^l H^2 \left(lx - \frac{x^2}{2}\right)^2 \mathrm{d}x = \frac{2H^2 l^5}{15}$$

则临界荷载为：

$$P_{\text{cr}} = \frac{\int_0^l EI(y'')^2 \mathrm{d}x}{\int_0^l (y')^2 \mathrm{d}x} = \frac{1575EI}{162l^2} = 9.722 \frac{EI}{l^2}$$

【22】解：图示刚架为对称刚架，承受反对称荷载，可利用对称性取半刚架进行计算。取半刚架如图 4 所示。由力法绘出其弯矩图，如图 5 所示。

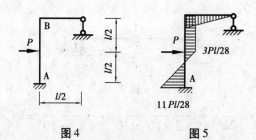

图4   图5

由图知,A 截面弯矩最大,所以 A 截面先出现塑性铰,由此判断破坏机构如图 6 所示。

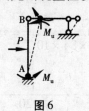

图6

虚功方程为:$P \cdot \dfrac{l}{2}\theta = M_u\theta + M_u\theta$

所以:$P_u = \dfrac{4M_u}{l}$

模拟试卷 2

一、选择题

【1】C　【2】D　【3】A　【4】C　【5】C

【6】C　【7】B　【8】C　【9】B　【10】D

二、填空题

【11】当且仅当 $\delta_j = 1$ 时引起的与 δ_i 相应的杆端力

【12】先处理法;后处理法;一样多

【13】1

【14】$y(t)_{\max} = \dfrac{100l^3}{3EI}$

【15】极小;极大;零

【16】临界状态能量特征:势能为驻值,且位移非零解;位移边界

【17】平衡条件、屈服条件、单向机构条件

三、计算题

【18】解:单元刚度矩阵

$$\boldsymbol{k}^{①} = \begin{bmatrix} k_{11}^{①} & k_{12}^{①} \\ k_{21}^{①} & k_{22}^{①} \end{bmatrix} = \begin{bmatrix} 6i & -6i \\ -6i & 8i \end{bmatrix}, \boldsymbol{k}^{②} = \begin{bmatrix} k_{11}^{②} & k_{12}^{②} & k_{13}^{②} \\ k_{21}^{②} & k_{22}^{②} & k_{23}^{②} \\ k_{31}^{②} & k_{32}^{②} & k_{33}^{②} \end{bmatrix} = \begin{bmatrix} 3i & 3i & 3i \\ 3i & 4i & 2i \\ 3i & 2i & 4i \end{bmatrix}$$

结构刚度矩阵:

$$\boldsymbol{K} = \begin{bmatrix} k_{11}^{①} + k_{11}^{②} & k_{12}^{①} + k_{12}^{②} & k_{13}^{②} \\ k_{21}^{①} + k_{21}^{②} & k_{22}^{①} + k_{22}^{②} & k_{23}^{②} \\ k_{31}^{②} & k_{32}^{②} & k_{33}^{②} \end{bmatrix} = \begin{bmatrix} 9i & -3i & 3i \\ -3i & 12i & 2i \\ 3i & 2i & 4i \end{bmatrix}$$

结构刚度矩阵 $\boldsymbol{K}$ 中元素:

$$K_{11} = 9i, \quad K_{12} = -3i$$

【19】解:(1)将结构离散化,确定单元及结点编号(图1)

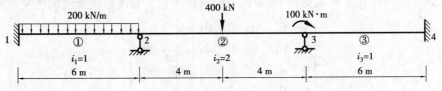

图1

（2）求单元刚度矩阵

$$\boldsymbol{k}^① = \begin{bmatrix} k_{11}^① & k_{12}^① \\ k_{21}^① & k_{22}^① \end{bmatrix}\begin{matrix}1\\2\end{matrix} = \begin{bmatrix} 4 & 2 \\ 2 & 4 \end{bmatrix}$$

$$\boldsymbol{k}^② = \begin{bmatrix} k_{22}^② & k_{23}^② \\ k_{32}^② & k_{33}^② \end{bmatrix}\begin{matrix}2\\3\end{matrix} = \begin{bmatrix} 8 & 4 \\ 4 & 8 \end{bmatrix}$$

$$\boldsymbol{k}^③ = \begin{bmatrix} k_{33}^③ & k_{34}^③ \\ k_{43}^③ & k_{44}^③ \end{bmatrix}\begin{matrix}3\\4\end{matrix} = \begin{bmatrix} 4 & 2 \\ 2 & 4 \end{bmatrix}$$

（3）按直接刚度法组集整体刚度矩阵

$$\boldsymbol{K} = \begin{bmatrix} k_{11}^① & k_{12}^① & 0 & 0 \\ k_{21}^① & k_{22}^①+k_{22}^② & k_{23}^② & 0 \\ 0 & k_{32}^② & k_{33}^②+k_{33}^③ & k_{34}^③ \\ 0 & 0 & k_{43}^③ & k_{44}^③ \end{bmatrix}\begin{matrix}1\\2\\3\\4\end{matrix} = \begin{bmatrix} 4 & 2 & 0 & 0 \\ 2 & 12 & 4 & 0 \\ 0 & 4 & 12 & 2 \\ 0 & 0 & 2 & 4 \end{bmatrix}$$

（4）求固端力矩、等效结点荷载并组集整个结构的荷载列阵

三个单元的固端力列阵分别为：

$$\begin{bmatrix} M_{f1}^① \\ M_{f2}^① \end{bmatrix} = \begin{bmatrix} -600 \\ 600 \end{bmatrix}, \begin{bmatrix} M_{f1}^② \\ M_{f2}^② \end{bmatrix} = \begin{bmatrix} -400 \\ 400 \end{bmatrix}, \begin{bmatrix} M_{f1}^③ \\ M_{f2}^③ \end{bmatrix} = \begin{bmatrix} 0 \\ 0 \end{bmatrix}$$

则等效结点荷载列阵为：

$$\boldsymbol{P}_e = \begin{bmatrix} P_{e1} \\ P_{e2} \\ P_{e3} \\ P_{e4} \end{bmatrix}\begin{bmatrix} -M_{f1}^① \\ -(M_{f2}^①+M_{f1}^②) \\ -(M_{f2}^②+M_{f1}^②) \\ -M_{f2}^③ \end{bmatrix} = \begin{bmatrix} 600 \\ -200 \\ -400 \\ 0 \end{bmatrix}$$

直接作用在结点上的荷载列阵记为 P_d，为：

$$P_d = \begin{bmatrix} 0 & 0 & 100 & 0 \end{bmatrix}^T$$

将直接作用在结点上的荷载 P_d 与等效结点荷载 P_e 相加，整个结构的结点荷载列阵为：

$$P = P_d + P_e = \begin{bmatrix} 600 & -200 & -300 & 0 \end{bmatrix}^T$$

（5）引入支承条件，修改刚度方程

本题中，支承条件为 $\Delta_1=0$，$\Delta_4=0$，因此应对整体刚度矩阵 $\boldsymbol{K}$ 的第一行、第四行和列进行相应的修改，同时将荷载列阵 P 的第一个、第四个元素改为零。修改后整个结构的刚度方程为：

$$\begin{bmatrix} 1 & 0 & 0 & 0 \\ 0 & 12 & 4 & 0 \\ 0 & 4 & 12 & 0 \\ 0 & 0 & 0 & 1 \end{bmatrix}\begin{bmatrix} \Delta_1 \\ \Delta_2 \\ \Delta_3 \\ \Delta_4 \end{bmatrix} = \begin{bmatrix} 0 \\ -200 \\ -300 \\ 0 \end{bmatrix}$$

(6)解方程,求结点位移

解结构的刚度方程,求得结点的角位移为:

$$\begin{bmatrix} \Delta_1 \\ \Delta_2 \\ \Delta_3 \\ \Delta_4 \end{bmatrix} = \begin{bmatrix} 0 \\ -9.375 \\ -21.875 \\ 0 \end{bmatrix}$$

(7)计算各杆内力,绘内力图

计算杆端弯矩得:

$$\begin{bmatrix} M_1^① \\ M_2^① \end{bmatrix} = \begin{bmatrix} -600 \\ 600 \end{bmatrix} + \begin{bmatrix} 4 & 2 \\ 2 & 4 \end{bmatrix} \begin{bmatrix} 0 \\ -9.375 \end{bmatrix} = \begin{bmatrix} -618.75 \\ -562.5 \end{bmatrix}$$

$$\begin{bmatrix} M_1^② \\ M_2^② \end{bmatrix} = \begin{bmatrix} -400 \\ 400 \end{bmatrix} + \begin{bmatrix} 8 & 4 \\ 4 & 8 \end{bmatrix} \begin{bmatrix} -9.375 \\ -21.875 \end{bmatrix} = \begin{bmatrix} -562.5 \\ 187.5 \end{bmatrix}$$

$$\begin{bmatrix} M_1^③ \\ M_2^③ \end{bmatrix} = \begin{bmatrix} 0 \\ 0 \end{bmatrix} + \begin{bmatrix} 4 & 2 \\ 2 & 4 \end{bmatrix} \begin{bmatrix} -21.875 \\ 0 \end{bmatrix} = \begin{bmatrix} -87.7 \\ -43.75 \end{bmatrix}$$

根据计算结构绘出连续梁的弯矩图,如图 2 所示。

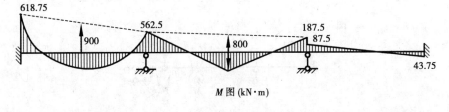

图 2

【20】解:略去质体水平运动的影响,只有 1 个自由度,沿质体的竖直方向运动。

(1)求自振频率

首先求出沿质体竖直方向加单位力时的轴力图(图 3),得:

$$\delta_{11} = \frac{1}{EA} \left[\left(\sqrt{2} \right)^2 \times 2 \sqrt{2} \times 2 + (-1)^2 \times 2 \times 2 + 2^2 \times 2 \right] = \frac{23.31}{EA}$$

$$\omega = \sqrt{\frac{1}{m\delta_{11}}} = \sqrt{\frac{EA}{23.31m}}$$

(2)求动力放大系数

$$\mu = \frac{1}{1 - \left(\frac{0.25\omega}{\omega} \right)^2} = 1.067$$

(3)求动荷载作用下的各杆轴力,为此将荷载幅值放大 μ 倍作用在质体上,求出各杆轴力如图 4 所示。

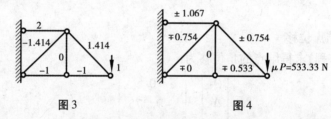

图3   图4

【21】解:(1)$EI_1 = \infty$,EI_2 = 常数时,结构可简化为一端铰支、一端为弹性支座的压杆。其临界荷载 $P_{cr} = kl$,弹簧刚度 $k = \dfrac{3EI_2}{l^2}$,则临界荷载 $P_{cr} = \dfrac{3EI_2}{l^3}$。

(2)$EI_2 = \infty$,EI_1 = 常数时,结构可简化为一简支压杆,其临界荷载 $P_{cr} = \dfrac{\pi^2 EI_1}{l^2}$。

(3)根据上述计算,只有两种状态下临界荷载相同才可能存在失稳,形式既是(1)的形式,又可能是(2)的形式,即有 $3I_2 = \pi^2 I_1$。

【22】解:这是一个三跨连续梁,可能的破坏机构为各跨内单独形成破坏机构,如图5、图6、图7 所示。

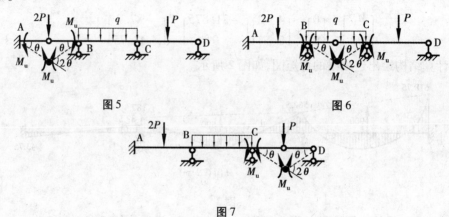

图5   图6

图7

机构1(图5)所示,虚功方程为:

$$2P \cdot a\theta = M_u \cdot \theta + M_u \cdot \theta + M_u \cdot 2\theta$$

$$P = \frac{2M_u}{a}$$

机构2(图6)所示,虚功方程为:

$$\frac{P}{2a} \cdot \frac{1}{2} \cdot 2a \cdot a\theta = M_u \cdot \theta + M_u \cdot 2\theta + M_u \cdot \theta$$

$$P = \frac{8M_u}{a}$$

机构3(图7)所示,虚功方程为:

$$P \cdot a\theta = M_u \cdot \theta + M_u \cdot 2\theta$$

$$P = \frac{3M_u}{a}$$

选最小值,得极限荷载:$\qquad\qquad P = \dfrac{2M_u}{a}$

模拟试卷 3

一、选择题

【1】B　　【2】D　　【3】C　　【4】B　　【5】A

【6】D　　【7】A　　【8】C　　【9】C　　【10】D

二、填空题

【11】$\boldsymbol{T}^{\mathrm{T}}[\,k\,]^{\mathrm{e}}\boldsymbol{T}$

【12】结构在等效荷载作用下,结构的结点位移与实际荷载作用下的结点位移相等

【13】0.035 5;0.163 8

【14】2

【15】$x=0,y_0=0;x=0,y_0'=\dfrac{P\delta}{k};x=l,y_1=\delta$

【16】$K=\dfrac{1}{l^3/3EI+l/EA}$

【17】可破坏荷载;可接受荷载

三、计算题

【18】解:先按照梁在弹性阶段的弯矩分布考虑,由静力平衡条件计算得:

$$M_E=\frac{3}{2}F_{\mathrm{P}},M_D=2F_{\mathrm{P}}$$

弯矩图如图 1 所示。假设已知弯矩绝对值较大者对应的 D 截面是梁在极限状态时的塑性铰,则令 $M_D=M_{\mathrm{u}}=2F_{\mathrm{P}}$,得

$$F_{\mathrm{P}}=\frac{1}{2}M_{\mathrm{u}} \tag{a}$$

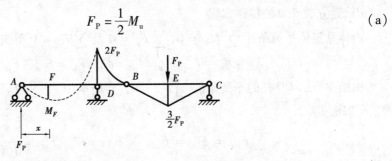

图 1

如果式(a)是梁真正的极限荷载,则应使在其作用的弯矩图满足屈服条件。

设 F 截面距离 A 支座 x,由 AD 段的平衡条件,可得:$F_{yA}=\dfrac{7}{6}F_{\mathrm{P}}(\uparrow)$

再取梁 F 截面以左写出弯矩式

$$M_F = \frac{7}{6}F_P x - \frac{1}{4}F_P x^2 \tag{b}$$

求使 M_F 有最大值的位置 x，即对式（b）求 $\frac{\mathrm{d}M_F}{\mathrm{d}x} = 0$，得 $\left(\frac{7}{6} - \frac{1}{2}x\right)F_P = 0$，因为 $F_P \neq 0$，故得

$x = \frac{7}{3}\mathrm{m}$。

将 x 代回式（b），同时将式（a）代入，得 $M_F = \frac{49}{36}F_P = \frac{49}{72}M_u$

显然，$M_E < M_u$ 满足屈服条件，所以梁的极限荷载为：

$$F_{Pu} = \frac{1}{2}M_u \tag{c}$$

已知矩形截面的极限弯矩 $M_u = \frac{1}{4}bh^2\sigma_s$，代入式（c）得：

$$F_{Pu} = \frac{1}{8}bh^2\sigma_s = 7.52 \times 10^3\mathrm{kN}$$

【19】解：1）静力法

取图 2 所示体系失稳位移后形式为静力法计算简图。

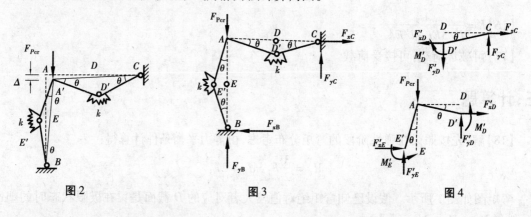

图 2   图 3   图 4

（1）建立关于 θ 的位移方程

由体系整体平衡条件 $\sum M_B = 0$，$\sum F_x = 0$ 及 $\sum F_y = 0$ 得支座反力分别为：

$$F_{xC} = F_{yC}, F_{xB} = F_{xC} = F_{yC}, F_{yB} = F_{Pcr} - F_{yC} \tag{a}$$

由图 4 所示 CD 杆的平衡条件 $\sum F_x = 0$，$\sum F_y = 0$ 及 $\sum M_D' = 0$，并代入弹簧铰反力矩 $M_D' = 2k\theta$，得：

$$\sum F_{xD'} = F_{xC} = F_{yC}, \sum F_{yD'} = F_{yC}, F_{yC} = \frac{4k\theta}{l(1-\theta)} \tag{b}$$

再由 EAD 部分的平衡条件 $\sum M_E' = 0$，并代入 $M_E' = 2k\theta$ 及式（b）各值得：

$$4k\theta + \frac{4kl\theta^2}{l(1-\theta)} - F_{Pcr}\frac{1}{2}l\theta = 0 \tag{c}$$

略去式（c）中第二项高阶微量，得位移方程：

$$\left(\frac{8k}{l} - F_{Pcr}\right)\theta = 0 \tag{d}$$

（2）计算体系临界荷载

根据体系在临界状态，式（d）所示方程 θ 具有非零解，则方程的系数必为零，得稳定方程 $\frac{8k}{l} - F_{Pcr} = 0$，解得 $F_{Pcr} = \frac{8k}{l}$。

2）能量法

取图 2 所示体系失稳位移后形式为能量法计算简图。

（1）写出体系的总势能 $E_P = V + E_P^*$

由图示几何关系可知 A 点的竖向位移 $\Delta = 2 \times \frac{l}{2}(1 - \cos\theta) \approx \frac{1}{2}l\theta^2$，则体系的荷载势能为：

$$E_P^* = -F_{Pcr}\Delta = -F_{Pcr}l\theta^2 \tag{e}$$

体系的弹性势能为：

$$V = 2 \times \frac{1}{2}k(2\theta)^2 = 4k\theta^2 \tag{f}$$

则体系的总势能为：

$$E_P = (4k - F_{Pcr}l)\theta^2 \tag{g}$$

（2）建立稳定方程，求临界荷载

根据体系在临界状态 $E_P = 0$，且位移有非零解。由式（g）得知应有系数行列式等于 0，及稳定方程 $4k - \frac{l}{2}F_{Pcr} = 0$，解得 $F_{Pcr} = \frac{8k}{l}$。

或者由体系在临界状态时任意可能的变形和位移上遵守能量守恒原理，即 $V = W$，$W = -E_P^*$，由式（e）和式（f）得 $\frac{1}{2}F_{Pcr}l\theta^2 = 4k\theta^2$，解得 $F_{Pcr} = \frac{8k}{l}$。

【20】解：（1）竖直方向振动

在质点 m 处施加竖向单位力 $F_P = 1$，用力法求解后绘出弯矩图 $\overline{M}_1$ 图，如图 5 所示。再取基本结构并在质点 m 上施加单位力 $F'_P = 1$，绘出相应的弯矩图 $\overline{M}'_1$ 图，如图 6 所示。由图乘法求得质点 m 处竖向位移为：

$$\delta_{11} = \frac{2}{2EI}\left[\frac{1}{2} \times \frac{l}{2} \times \frac{l}{4} \times \left(-\frac{3}{56}\right) + \frac{1}{2} \times \frac{l}{2} \times \frac{l}{4} \times \frac{2}{3} \times \frac{l}{4}\right] = \frac{19l^3}{2\ 688EI}$$

自振频率为：$\omega = \sqrt{\frac{1}{m\delta_{11}}} = \frac{8}{l}\sqrt{\frac{42EI}{19ml}}$

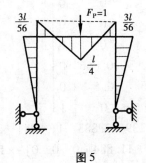

图 5　　　　　图 6

（2）竖直方向振动

在质点 m 处施加水平单位力 $F_P = 1$，仍用力法求解后绘出弯矩图 $\overline{M}_2$ 图，如图7所示。再取基本结构并在质点 m 上施加单位力 $F'_P = 1$，绘出相应的弯矩图 $\overline{M}'_2$ 图，如图8所示。由图乘法求得质点 m 处水平位移为：

$$\delta_{22} = \frac{1}{2EI}\left(\frac{l}{2} \times l \times \frac{l}{6}\right) + \frac{1}{EI}\left(\frac{l}{2} \times l \times \frac{l}{2} \times \frac{2}{3}\right) = \frac{5l^3}{24EI}$$

自振频率为：$\omega = \sqrt{\dfrac{1}{m\delta_{22}}} = \dfrac{2}{l}\sqrt{\dfrac{6EI}{5ml}}$

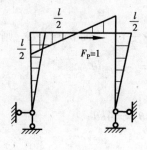 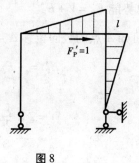

图7   图8

比较可知 $\omega_1 = \dfrac{2}{l}\sqrt{\dfrac{6EI}{5ml}}$，$\omega_2 = \dfrac{8}{l}\sqrt{\dfrac{42EI}{19ml}}$

【21】解：（1）求单元刚度矩阵

$$\frac{EA}{l} = 75 \times 10^4,\ \frac{4EA}{l} = 6.25 \times 10^4,\ \frac{6EI}{l^2} = 1.875 \times 10^4,\ \frac{12EI}{l^3} = 0.75 \times 10^4。$$

$$[\bar{k}]^{①} = [\bar{k}]^{②} = \begin{bmatrix} 75 & 0 & 0 & -75 & 0 & 0 \\ 0 & 0.75 & 1.875 & 0 & -0.75 & 1.875 \\ 0 & 1.875 & 6.25 & 0 & -1.875 & 3.125 \\ -75 & 0 & 0 & 75 & 0 & 0 \\ 0 & -0.75 & -1.875 & 0 & 0.75 & -1.875 \\ 0 & 1.875 & 3.125 & 0 & -1.875 & 6.25 \end{bmatrix} \times 10^4$$

（2）单元杆端位移列阵

$$\{\overline{\Delta}\}^{①} = [T]\{\Delta\}^{①} = [0 \quad 0 \quad 0 \quad 1.793 \quad 4.660 \quad 11.884]^T \times 10^{-5}$$

单元①：$\alpha = -60°$，$\cos\alpha = \dfrac{1}{2}$，$\sin\alpha = -0.866$，

$$[T]^{①} = \begin{bmatrix} 0.5 & -0.866 & 0 & 0 & 0 & 0 \\ 0.866 & 0.5 & 0 & 0 & 0 & 0 \\ 0 & 0 & 1 & 0 & 0 & 0 \\ 0 & 0 & 0 & 0.5 & -0.866 & 0 \\ 0 & 0 & 0 & 0.866 & 0.5 & 0 \\ 0 & 0 & 0 & 0 & 0 & 1 \end{bmatrix}$$

$$\{\overline{\Delta}\}^{①} = [T]\{\Delta\}^{①} = [0 \quad 0 \quad 0 \quad -3.139 \quad 3.883 \quad 11.884]^T \times 10^{-5}$$

单元②：$\alpha = 0$，$\{\overline{\Delta}\}^{②} = \{\Delta\}^{②} = [1.793 \quad 4.660 \quad 11.884 \quad 0 \quad 0 \quad 0]^T \times 10^{-5}$

(3)单元杆端力列阵

$$\{\overline{F}\}^{①} = [\overline{k}]^{①}\{\overline{\Delta}\}^{①} + \{\overline{F}_{P}\}^{①}, \{\overline{F}\}^{②} = [\overline{k}]^{②}\{\overline{\Delta}\}^{②} + \{\overline{F}_{P}\}^{②}$$

$$\{\overline{F}\}^{①} = \begin{Bmatrix} 23.545 \\ 1.937 \\ 2.986 \\ -23.545 \\ -1.937 \\ 6.699 \end{Bmatrix} + \begin{Bmatrix} 0 \\ 0 \\ 0 \\ 0 \\ 0 \\ 0 \end{Bmatrix} = \begin{Bmatrix} 23.545 \\ 1.937 \\ 2.986 \\ -23.545 \\ -1.937 \\ 6.699 \end{Bmatrix}, \{\overline{F}\}^{②} = \begin{Bmatrix} 13.450 \\ 2.578 \\ 8.301 \\ -13.450 \\ -2.578 \\ 4.587 \end{Bmatrix} + \begin{Bmatrix} 0 \\ -12 \\ -10 \\ 0 \\ -12 \\ 10 \end{Bmatrix} = \begin{Bmatrix} 13.450 \\ -9.422 \\ -1.699 \\ -13.450 \\ -14.578 \\ 14.587 \end{Bmatrix}$$

(4)绘制内力图

先将杆端力按正负标在杆端,如图9(a)所示,根据杆端力的具体指向,确定内力正负,并作内力图,如图9(b)、(c)、(d)所示。

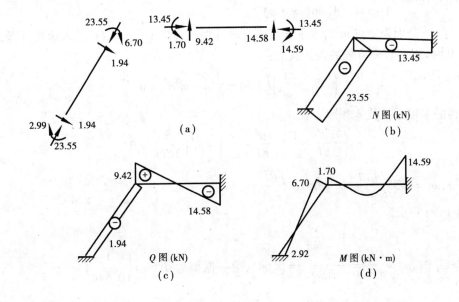

图9

【22】解:(1)质点 m 的位移方程 $\begin{cases} y_1(t) = -m\ddot{y}_1\delta_{11} - m\ddot{y}_2\delta_{12} \\ y_2(t) = -m\ddot{y}_1\delta_{21} - m\ddot{y}_2\delta_{22} \end{cases}$

为求柔度系数 $\delta_{11}, \delta_{12} = \delta_{21}, \delta_{22}$,在质点 m 处分别施加水平单位力和竖向单位力,作出相应的 $\overline{M}_1$ 和 $\overline{M}_2$ 图,如图10和图11所示。由图乘法可得:

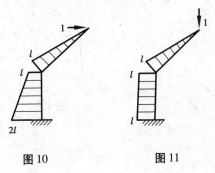

图10   图11

$$\delta_{11} = \frac{1}{EI}\left(\frac{1}{2} \times 2l \times l \times \frac{5}{3}l + \frac{1}{2} \times l \times l \times \frac{4}{3}l\right) = \frac{7l^3}{3EI}$$

$$\delta_{12} = \delta_{21} = \frac{1}{EI}\frac{1}{2} \times (2l + l) \times l \times l = \frac{3l^3}{2EI}$$

$$\delta_{22} = \frac{1}{EI} \times l \times l \times l = \frac{l^3}{EI}$$

将各系数代入方程,整理后可得:$\begin{cases} \dfrac{7l^3}{3EI}m\ddot{y}_1 + \dfrac{3l^3}{2EI}m\ddot{y}_2 + y_1 = 0 \\ \dfrac{3l^3}{2EI}m\ddot{y}_1 + \dfrac{l^3}{EI}m\ddot{y}_2 + y_2 = 0 \end{cases}$

(2)求自振频率

设运动方程的解 $\begin{cases} y_1(t) = A_1 \sin(\omega t + \varphi) \\ y_2(t) = A_2 \sin(\omega t + \varphi) \end{cases}$

式中 A_1,A_2 分别为质点 m 沿水平和竖直方向的振幅。将 $y_1(t)$,$y_2(t)$ 代入运动方程,当 A_1, A_2 不全为 0 时,得到频率方程的表达式为:

$$\left(m\delta_{11} - \frac{1}{\omega^2}\right)\left(m\delta_{22} - \frac{1}{\omega^2}\right) - m^2\delta_{12}^2 = 0$$

将求得的柔度系数代入频率方程,得:

$$\left(\frac{7ml^3}{3EI} - \frac{1}{\omega^2}\right)\left(\frac{ml^3}{EI} - \frac{1}{\omega^2}\right) - m^2\left(\frac{3l^3}{2EI}\right)^2 = 0$$

求解得:$\omega_1 = 0.55\sqrt{\dfrac{EI}{ml^3}}$,$\omega_2 = 6.32\sqrt{\dfrac{EI}{ml^3}}$

(3)求振型

当 $\omega = \omega_1$ 时,$\rho_1 = \dfrac{A_2^{(1)}}{A_1^{(1)}} = \dfrac{\dfrac{1}{\omega_1^2} - m\delta_{11}}{m\delta_{12}} = 0.644$,第一振型为 $\Phi^{(1)} = \begin{bmatrix} 1 \\ 0.644 \end{bmatrix}$

当 $\omega = \omega_2$ 时,$\rho_1 = \dfrac{A_2^{(2)}}{A_1^{(2)}} = \dfrac{\dfrac{1}{\omega_2^2} - m\delta_{11}}{m\delta_{12}} = -1.539$,第二振型为 $\Phi^{(2)} = \begin{bmatrix} 1 \\ -1.539 \end{bmatrix}$

主振型示意图如图 12 和图 13 所示。

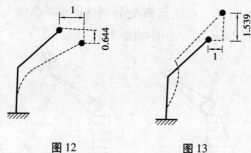

图 12   图 13

模拟试卷4

一、选择题

【1】C　　【2】C　　【3】C　　【4】D　　【5】A

【6】A　　【7】B　　【8】A　　【9】A　　【10】B

二、填空题

【11】$\{F_0\}^{(1)} = \begin{Bmatrix} -\dfrac{ql}{2} \\[4pt] -\dfrac{ql^2}{2} \\[4pt] -\dfrac{ql}{2} \\[4pt] \dfrac{ql^2}{2} \end{Bmatrix}$　　【12】$1; \dfrac{2EA}{3}$　　【13】质量；刚度

【14】$1 \sim \infty$ 范围内变化　　【15】$K = \dfrac{8EI}{l}$　　【16】$K = \dfrac{a^2 hEA}{(a^2+h^2)^{\frac{3}{2}}}$

【17】可破坏荷载的最小值就是极限荷载的上限值，即 $P_{\text{u}} \leqslant P^{+}$；可接受荷载的最大值就是极限荷载的下限值，即 $P_{\text{u}} \geqslant P^{-}$。

三、计算题

【18】解：单元刚度矩阵：

$$\boldsymbol{k}^{①} = [k_{11}^{①}] = [4i_1], \quad \boldsymbol{k}^{②} = \begin{bmatrix} k_{11}^{②} & k_{12}^{②} \\ k_{21}^{②} & k_{22}^{②} \end{bmatrix} = \begin{bmatrix} 4i_2 & 2i_2 \\ 2i_2 & 4i_2 \end{bmatrix},$$

$$\boldsymbol{k}^{③} = \begin{bmatrix} k_{22}^{③} & k_{23}^{③} \\ k_{32}^{③} & k_{33}^{③} \end{bmatrix} = \begin{bmatrix} 4i_3 & 2i_3 \\ 2i_3 & 4i_3 \end{bmatrix}$$

引入支承条件后的结构刚度矩阵：

$$\boldsymbol{K} = \begin{bmatrix} k_{11}^{①}+k_{11}^{②} & k_{12}^{②} & 0 \\ k_{21}^{②} & k_{22}^{②}+k_{22}^{③} & k_{23}^{③} \\ 0 & k_{32}^{③} & k_{33}^{③} \end{bmatrix} = \begin{bmatrix} 4i_1+4i_2 & 2i_2 & 0 \\ 2i_2 & 4i_2+4i_3 & 2i_3 \\ 0 & 2i_3 & 4i_3 \end{bmatrix}$$

【19】解：首先绘出质点 m 处作用单位力时的弯矩图，如图1所示。

其柔度系数为：$\delta_{11} = \dfrac{1}{EI} \times \dfrac{1}{2} \times 4 \times 4 \times \dfrac{2}{3} \times 4 \times 2 = \dfrac{128}{3EI}$

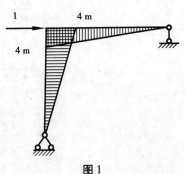

图1

自振频率为：$\omega = \sqrt{\dfrac{1}{2m\delta_{11}}} = \sqrt{\dfrac{3EI}{256m}}$

【20】解：先求刚架的刚度系数 k_{11}，如图 2 所示，取横梁为隔离题，如图 3 所示，则

$$k_{11} = \frac{12EI}{h_{AC}^3} + \frac{12EI}{h_{BD}^3} = \frac{12 \times 5 \times 10^4 \times 10^3}{10^3} + \frac{12 \times 5 \times 10^4 \times 10^3}{8^3} = 177.19 \times 10^4 (\text{N/m})$$

$$\omega = \sqrt{\frac{k_{11}}{m}} = \sqrt{\frac{k_{11}g}{W}} = \sqrt{\frac{177.9 \times 10^4 \times 9.81}{200 \times 10^3}} = 9.32(1/\text{m})$$

$$T = \frac{2\pi}{\omega} = \frac{2 \times 3.14}{9.32} = 0.674(\text{s})$$

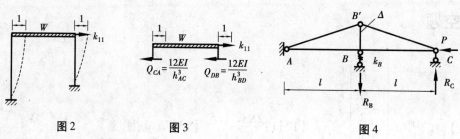

图 2 图 3 图 4

【21】解：设失稳形态如图 4 所示。

简支梁的作用可用弹簧代替，其刚度为：

$$k_B = \frac{48EI}{(2l)^3} = \frac{6EI}{l^3}$$

当 B 点发生竖向位移时，弹簧的反力为：

$$R_B = \frac{6EI}{l^3}\Delta$$

由 $\sum M_B = 0, R_C = \dfrac{P\Delta}{l}$

$$\sum M_A = 0, R_B l - R_C \cdot 2l = 0$$

$$\frac{6EI}{l^3}\Delta l - \frac{P\Delta}{l} \times 2l = 0$$

得临界荷载为：$P_{cr} = \dfrac{3EI}{l^2}$

【22】解：由题分析，该结构可能的破坏机构形式如图 5、图 6、图 7、图 8 所示。

机构 1（图 5）所示，虚功方程为：

$$\frac{2P}{a} \cdot \frac{1}{2} \cdot a \cdot \frac{\theta a}{2} = M_u \cdot \theta + M_u \cdot 2\theta + M_u \cdot \theta$$

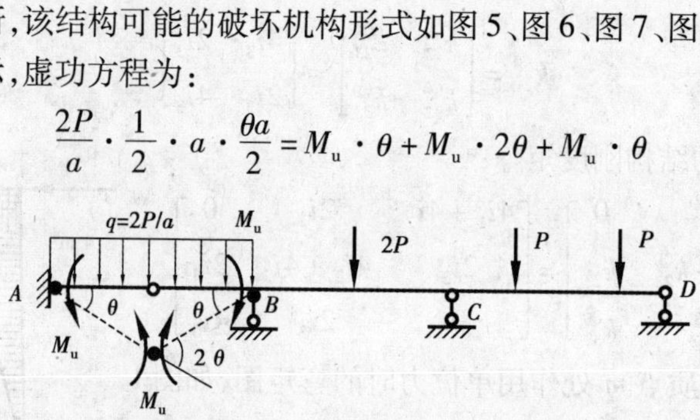

图 5

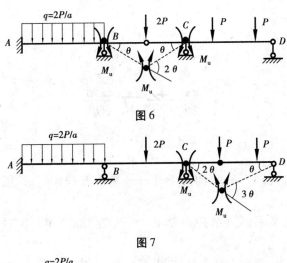

图 6

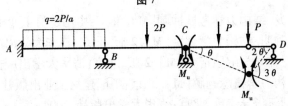

图 7

图 8

$$P = \frac{8M_u}{a}$$

机构 2(图 6)所示,虚功方程为:

$$2P \cdot \frac{a\theta}{2} = M_u \cdot \theta + M_u \cdot 2\theta + M_u \cdot \theta$$

$$P = \frac{4M_u}{a}$$

机构 3(图 7)所示,虚功方程为:

$$P \cdot \frac{a}{3} \cdot 2\theta + P \cdot \frac{a}{3}\theta = M_u \cdot 5\theta$$

$$P = \frac{5M_u}{a}$$

机构 4(图 8)所示,虚功方程为:

$$P \cdot \frac{a\theta}{3} + P \cdot \frac{2a\theta}{3} = M_u \cdot \theta + M_u \cdot 3\theta$$

$$P = \frac{4M_u}{a}$$

选最小值,得极限荷载为:

$$P_u = \frac{4M_u}{a}$$

参考文献

[1] 龙驭球,包世华,匡文起,等. 结构力学 I——基本教程[M]. 3 版. 北京:高等教育出版社,2006.

[2] 龙驭球,包世华,匡文起,等. 结构力学 II——专题教程[M]. 3 版. 北京:高等教育出版社,2006.

[3] 刘金春,袁全,李万龙. 结构力学考试冲刺[M]. 北京:中国建材工业出版社,2005.

[4] 雷钟和,江爱川,郝静明. 结构力学解疑[M]. 2 版. 北京:清华大学出版社,2008.

[5] 祁皑. 结构力学学习辅导与解题指南[M]. 2 版. 北京:清华大学出版社,2013.

[6] 阮澍铭,于玲玲. 结构力学概念题解[M]. 北京:中国建材工业出版社,2004.

[7] 王焕定. 结构力学学习指导[M]. 北京:清华大学出版社,2004.

[8] 刘蓉华,蔡婧. 结构力学学习指导与能力训练[M]. 成都:西南交通大学出版社,2005.

[9] 任钧国,蒋志刚. 结构力学考试要点与真题精解[M]. 长沙:国防科技大学出版社,2007.

[10] 金圣才. 结构力学知识精要与真题详解[M]. 北京:中国水利水电出版社,2010.

[11] 黄婧,孙跃东. 结构力学复习及解题指导[M]. 北京:人民交通出版社,2004.

[12] 黄婧. 结构力学复习及解题指导[M]. 北京:人民交通出版社,2007.

[13] 刘鸣,王新华. 结构力学(II)典型题解析及自测试题[M]. 西安:西北工业大学出版社,2002.

[14] 文国治,刘纲. 结构力学辅导[M]. 北京:机械工业出版社,2012.

[15] 崔恩第,王永跃,周润芳,等. 结构力学(下册)[M]. 北京:国防工业出版社,2006.

[16] 崔恩第,王永跃,周润芳,等. 结构力学学习指导[M]. 北京:国防工业出版社,2008.

[17] 阮樹铭,于玲玲. 结构力学(研究生)考试指导[M]. 北京:中国建材工业出版社,2003.